家 廉

"六廉"典型家庭选集

陈立峰 ◎ 主编

燕山大学出版社
·秦皇岛·

图书在版编目（CIP）数据

家廉："六廉"典型家庭选集 / 陈立峰主编. —秦皇岛：燕山大学出版社，2023.8
ISBN 978-7-5761-0551-3

Ⅰ. ①家… Ⅱ. ①陈… Ⅲ. ①家庭道德－中国－通俗读物 Ⅳ. ①B823.1-49

中国国家版本馆 CIP 数据核字（2023）第 116072 号

家廉
——"六廉"典型家庭选集
JIA LIAN
陈立峰 主编

出 版 人：陈 玉				
责任编辑：刘馨泽			策划编辑：刘馨泽	
责任印制：吴 波			封面设计：方志强	
出版发行：燕山大学出版社			电 话：0335-8387555	
地 址：河北省秦皇岛市河北大街西段 438 号			邮政编码：066004	
印 刷：秦皇岛墨缘彩印有限公司			经 销：全国新华书店	
开 本：700 mm×1000 mm 1/16			印 张：14.75	
版 次：2023 年 8 月第 1 版			印 次：2023 年 8 月第 1 次印刷	
书 号：ISBN 978-7-5761-0551-3			字 数：172 千字	
定 价：68.00 元				

版权所有 侵权必究

如发生印刷、装订质量问题，读者可与出版社联系调换

联系电话：0335-8387718

编委会

顾　问：张建强
主　编：陈立峰
编　委：刘小刚　刘　军　丁建强　张占成　顾正国
　　　　张　宇　王　伟　姜宗福　王晓林　邓小兵
　　　　李家泉　何旭辉　李世敏　伊忠强　刘招华

编创组

组　长：顾正国
副组长：姜宗福　高启耀　孙晓航
组　员：方金娜　吴燕霞　唐晓凤　陈宏萍　张妹妹
　　　　王浩然　高尚宏　朱铱茗　杨红霞　邰　颖
　　　　韩彦朋

中国中铁党委常委、纪委书记张建强，厦门市纪委书记、监委主任严志铭等共同为中铁装备厦工中铁"六廉"工作室揭牌

中铁科工与武汉市江夏区纪委监委共建"六廉"工作室揭牌

中铁工业对12个"六廉"家庭进行表彰

中铁山桥辙叉分公司在生产现场开展"新年廉洁第一课"活动

中铁宝桥开展"'六廉'文化润童心"等家庭助廉系列活动

中铁工业纪委"廉洁文化助力'三不腐'一体推进的实践与探索"理论成果获得中央企业2022年度政研课题一等奖

序　言

"天下之本在国，国之本在家。"家风，是一个家庭的精神内核，也是一个社会的价值缩影。习近平总书记早在2015年春节团拜会上就深刻指出，不论时代发生多大变化，不论生活格局发生多大变化，我们都要重视家庭建设，注重家庭、注重家教、注重家风。要把家风建设摆在重要位置，廉洁修身，廉洁齐家。

为落实《关于加强新时代廉洁文化建设的意见》，带领广大党员干部深入学习贯彻习近平总书记关于家风建设的重要指示精神，深入贯彻"守正创新，六廉兴企"廉洁文化理念，中铁工业两级纪检组织以建设文明家庭、传承优良家风为重点，在全公司范围内开展分别以"廉善、廉能、廉敬、廉正、廉法、廉辨"命名的"六廉"家庭评选活动，共收到"六廉"家庭申报357组，所属各单位评选出"六廉"家庭76组，又经所属各单位推荐、中铁工业党委评选，最终产生中铁工业"六廉"家庭12组。

为进一步发挥典型表率引领作用，中铁工业纪委组织分别采访了12组"六廉"家庭，深入挖掘他们在家风建设方面的先进事迹，并编著《家廉——"六廉"典型家庭选集》，充分展示了"六廉"品牌对家庭、对企业的积极引导感化效果。本书的12个典型家庭素材选取，既有历史视角的纵深交错，又有当下工作的前沿生动；我们能看到支援三线建设精神在三秦大地的葱蔚润润，也能看到"梦想之桥"在帕德玛河畔崛地而起、天堑变通途；我们既能听到老一辈中铁人对子女的殷殷嘱托，又能听到在家咿呀学语的小朋友对远赴施工一线父母的嘤嘤呼唤。本书的12个典型家庭素材选取，既有爱国、爱岗、爱大家的波澜壮阔，又有爱人、爱己、爱小家的情真意切；我们可以切实感受到夙兴夜寐、风雨兼程的核心技术攻关历程，也能看见全身心投入工作背后那些默默奉献、任劳任怨的贤妻良母，他们是大国重器上平凡又伟大的螺丝，他们是小区里最后熄灯家庭的念想和期盼。当鲜活的"六廉"家庭通过文学化创作走进大众的视野，每一个中国中铁人都可以从书中看到自己曾经克服过的困难，回味跌宕起伏又峰回路转的人生，坚定奋进新时代、筑梦新征程的昂扬信念！

近年来，中铁工业纪委努力践行习近平总书记关于廉洁文化建设重要论述，扎实推进以"六廉"品牌建设为核心的平台铸廉、睹物思廉、阳光照廉、文化兴廉等四项工程，并把家风建设作为领导干部作风建设的重要内容，通过开展"家属开放日"、职工与家属互通廉洁家书、孩子与父母见"廉"思齐等家庭助廉创新举措，常吹廉洁"枕边风"，常念廉洁"育儿经"，推动廉洁教育融入家庭日常生活，教育领导干部注重家庭家教家风，不断筑牢家企廉洁防线，形成了廉洁文化建设的特色品牌。

忠厚传家久，诗书继世长。千家万户都好，企业才能好，国家才能好。同样，国家好、企业好，家庭才能好。希望广大家庭弘扬优良家风，党员干部要将《家廉——"六廉"典型家庭选集》作为枕边书、案头书，常翻阅、勤学习，带头重家教、正家风、守纪律、作表率，以清廉家风涵养清正作风，以好家风促进党风企风，为企业健康发展营造良好的政治生态和发展环境，为培育世界一流企业贡献家庭力量。

本书编委会

2023年4月

目 录
CONTENTS

一心在一艺　焊花铸匠心
　　——廉善：中铁宝桥王汝运家庭 /3

默契配合齐携手　同心共建廉善家
　　——廉善：中铁工业刘群林、吴燕霞家庭 /22

钟情土木　因桥结缘　工程师与技术咖的珠联璧合
　　——廉能：中铁重工田小凤、李潭家庭 /41

匠心铸"刀"追梦人
　　——廉能：中铁装备芦海俊家庭 /56

焊花作媒　比翼双飞
　　——廉敬：中铁九桥刘青家庭 /75

"车刀"锋从磨砺　"工匠"源自平凡
　　——廉敬：中铁科工陈汉龙家庭 /93

红星引领人生路　持方守正不偏航
　　——廉正：中铁新交徐红星家庭 /113

大山里走出来的铿锵玫瑰
　　——廉正：中铁山桥魏明霞家庭 /131

安全生产的"守护神"
　　——廉法：中铁九桥汪堃家庭 /153

半道出家的纪法"百事通"
　　——廉法：中铁科工彭智家庭 /171

初心守廉　家风永驻
　　——廉辨：中铁装备陶仁太家庭 /191

贤伉俪携手谱华章　好家风筑就人生路
　　——廉辨：中铁工服章龙管、路桂珍家庭 /206

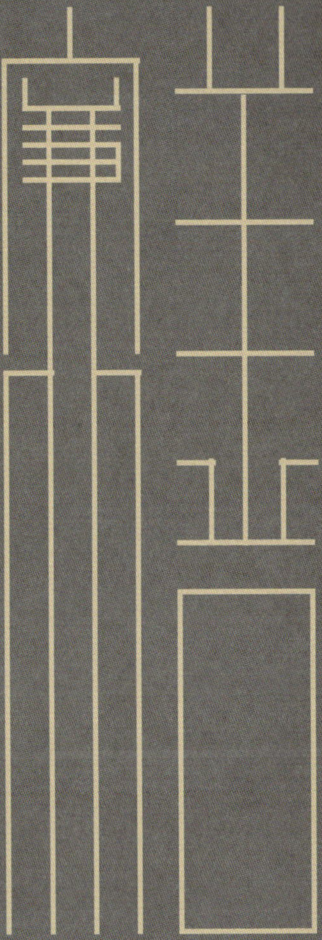

一心在一艺　焊花铸匠心

——廉善：中铁宝桥王汝运家庭

五十三个春秋，他善作善成，践行了自己的初心和使命；他臻于至善，实现了"大国工匠"的完美蜕变。三十六载云月，他用一把焊枪、一双妙手，细心呵护大桥的筋骨；千度烈焰，万次攻关，他用"坚固"助力中国制造扬帆领航。他们勤劳坚毅、以身作则，向上向善、相互扶持，践行了中华民族优良的家风家教；他们的身影在天堑通途中显得异常渺小，但在铸造国家桥梁名片中却显得格外高大。

臻于至善　敦行致远

《道德经》中说："上善若水，水善利万物而不争。""天下莫柔弱于水，而攻坚强者莫之能胜。"上善的人，就要像水一样，有水的善、水的柔、水的刚、水的德；上善的家庭，就要像水一样，有水的胸怀、水的柔德、水的坚强、水的宽厚。在建设"六廉"家庭的征途中，王汝运家庭以其勤劳勇毅、互敬互信、廉洁自律、和睦共担的良好形象，引领家企共建深入千家万户。

"心心在一艺，其艺必工；心心在一职，其职必举。"练就一流技艺，树立一流标准，铸造大国重器。王汝运，中铁宝桥集团一名普通的电焊工，36年来，在平凡的工作岗位上用手中的"焊枪"，完成了从一名"学徒工"到"大国工匠""全国劳模"的完美蜕变，勤劳坚毅的家风是他强大的后盾，练就了他不平凡的"人生底色"。

"天下之本在国，国之本在家。"国家要发展、企业要壮大，离不开千千万万的广大劳动者，更离不开每一个向上向善的家庭。"执着专注、精益求精、一丝不苟、追求卓越。"2020年11月24日，在全国劳动模范和先进工作者表彰大会上，习近平总书记高度概括了工匠精神的深刻内涵，强调劳模精神、劳动精神、工匠精神是以爱国主义为核心的民族精神和以改革创新为核心的时代精神的生动体现，是鼓舞全党全国各族人民风雨无阻、勇敢前进的强大精神动力。"干最苦的活，流最多的汗水，啃最硬的骨头，出最好的业绩"，这是王汝运的铮铮誓言，也是对劳模精神最美的诠释。

习近平总书记强调，不论时代发生多大变化，不论生活格局发生多大变化，我们都要重视家庭建设，注重家庭，注重家教，注重家风。"恩爱忠诚、相濡以沫、自律自省、共担责任"是王汝运家庭的真实写照，也是王汝运家庭弘扬中华民族家庭美德、传承良好家风的最好践行。

在中铁宝桥这个大家庭中，乘着新时代制造业发展的滚滚巨轮，广大劳动者矢志奋斗、提升技能、成长成才、为国奉献；一位位高技能人才，立足本行业，努力担大任、干大事、成大器、立大功；千千万万个小家庭，挑重担、促和谐、同理解、共包容，在培养大国工匠、建设制造强国、引领行业发展中勇毅前行。王汝运，正是这产业报国中优秀的中坚力量、时代发展中杰出的行业骨干、焊接竞技场上为国出征的大国工匠、千万家庭中值得学习的典型模范。

宝剑锋从磨砺出　梅花香自苦寒来

"嗞——嗞——"焊花飞溅,在闪烁的弧光中,王汝运一手拿焊枪,一手持防护罩,蹲在杆件上,稳稳地一枪一枪地焊着。蜷缩的姿势、刺眼的焊花、弥漫的焊尘、呛鼻的气味,夏时箱内酷热燥闷,冬时户外寒冷刺骨……这是王汝运36年来工作场景的写照。

——勤学苦练,知识改变命运

1970年,王汝运出生在山东泰安一个普通的家庭。自打出生起,王汝运就没见过自己的父亲。但在母亲的谆谆教导下,父亲的形象在王汝运心中巍然高大。淳朴善良的家教家风,造就了他踏实肯干、忠厚仁爱的道德品行。他的父亲是宝桥的老员工,20世纪60年代为响应国家号召、支援三线建设,决然跟随企业从北京来到宝鸡,成为宝鸡桥梁厂的一名喷砂工。他的父亲工作认真踏实、任劳任怨,在职工群众中有很好的口碑,为建设大西北燃烧着自己的青春。1969年10月,他的父亲在备战备荒挖防空洞时不幸因公殉职。

王汝运常听父辈们讲起那个时候"备战、备荒、为人民"的故事,故事是这样的:1966年3月,毛泽东在给刘少奇的一封信中提出"备战、备荒、为人民"的思想。毛泽东说:"第一是备战,人民和军队总得先有饭吃有衣穿,才能打仗,否则虽有枪炮,无所用之。第二是备荒,遇了荒年,地方无粮棉油等储备,仰赖外省接济,总不是长久之计。一遇战争,困难更大。第三是国家积累不可太多,要为一部分人民至今口粮不够吃、衣被甚少着想;再则要为全体人民分散储备以为备战备荒之用着想;三则更加要为地方积累资金之于扩大再生产着想。"此后,"备战、备荒、为人民"实际上成了从执行"三五"计划开始的较长时期内，指导我国国民经济发展的一个重大战略方针。一场规模空前的以备战为指导思想的国防、科技、工业和交通基本设施建设，在中国大陆中西部的13个省、自治区轰轰烈烈地开展起来。三线建设规模之大、投入之多、动员之广、行动之快、职工积极性之高，都是空前的。在那个火红的时代，社会主义制度集中力量办大事的优越性得到充分显示，在"好人好马上三线"的号召下，全国各地闻风而动，数以百万计的优秀建设者，不讲条件、不计得失、打起背包、立即出发，从四面八方汇集三线。当时，出于保密和安全的考虑，有关部门在挑选三线建设者时，更着重德、才两个方面，即政治上可靠、业务上精通，因此，那时能够参与三线建设在一定意义上来说应该算是一种荣誉。由于三线建设的出发点是备战，因此在布局上按照"靠山、分散、隐蔽"的原则，许多企业的选址都在条件艰苦的深山峡谷、大漠荒野。三线建设者们风餐露宿、肩挑背扛，发扬一不怕苦、二不怕死、前仆后继、艰苦创业的革命精神，就是这样，在那个被激情点燃的岁月，"三线人"怀着建设祖国的革命理想，披荆斩棘、开山劈水、筑路架桥，用血汗和生命，建成了三线地区强大的国防生产力，将自己的热血青春献给了祖国的三线建设。

　　王汝运的父亲就是这优秀队伍中的一员，每当听到父辈们讲起这些事迹，王汝运都是非常自豪的。父亲的牺牲是为了祖国建设，父亲的形象是伟岸的，父亲的精神也一直鼓舞着王汝运，为他后来出色的工作表现奠定了坚实的基础。

　　那个时候，在王汝运的记忆里，没有了父亲，母亲是特别辛苦的。要强的母亲用柔弱的肩膀独自一人将他们姐弟三人抚养成人。家境贫困，母亲一边在生产队劳动，一边照顾他们，即使家里再困难，也很少给工厂添麻烦。作为家里唯一的男性，王汝运注定要承担更多的家庭责任。1986年，为了一家人的生活，16岁的王汝运刚刚初中毕业，就毅然选择接班进入中铁宝桥工作。他被分配到父亲当年工作的钢结构车间，成了一名电焊工。

电焊是一门劳动强度大、技术要求高的特殊工种。有人这样形容电焊工："焊工手里有团火，四季炙烤无法躲。爬高又钻下，浑身是伤疤，衣服尽是洞，两眼肿胀瞎。"作为一个农村娃，王汝运不怕吃苦受累，但仅能吃苦是远远不够的，还要有对事业的执着追求。

王汝运一直强调，他是个初中生，文化程度不高。"我能走到今天这一步，一方面是最初的信念一直支撑着我，那就是不能给父亲丢脸，不能让母亲失望；另一方面，离不开给了我工作机会和技能平台的中铁宝桥，它让我学到了这一生最珍贵的电焊技能，养育了我的家庭，也让我的人生价值最大化。""刚参加工作时，我年龄小，第一次接触电焊，从技术和劳动强度上还是有些吃不消，'先天不足'逐渐暴露了出来。但是公司的各级领导给了我一次次的包容和关爱、一次次的信任和支持、一次次的鼓励和帮助，让我逐渐喜欢并爱上电焊这门技术，让我懂得用汗水和感恩来走好自己以后的人生道路。"

文化程度低，怎么办？图纸看不懂，怎么办？面对这些问题，王汝运下定决心要努力奋进，不能让家人失望，不能拖班组的后腿。从那以后，所有的困难，都挡不住王汝运勇往直前的脚步。面对自身短板，天性好强的他自费购买了大量焊接技术方面的书籍，每天下班后刻苦钻研，经常熬到凌晨。没有一点理论基础，他就死记硬背。所有的东西先背下来，再琢磨，理解以后结合实践再回过头来研究理论。不会的题，第二天一上班他就追着师傅问，时间长了，他的恒心和毅力也打动了师傅，师傅一有空就会主动教他，对这位徒弟赞赏有加，也毫不吝啬将宝贵的经验传授给他。只要努力，付出终究是有回报的，靠着这个笨办法，王汝运后来的理论考试几乎都是满分。30多年下来，王汝运留下了十几个厚厚的笔记本和7支写坏的钢笔。

俗话说："光说不练假把式，光练不说死把式。"有了深厚的理论基础，还要在实际工作中进行实践。为了尽早能在电焊作业中独当一面，王汝运下决心"死磕"技术，跟着师傅观察、揣摩、练习、请教，再揣摩、再练习，就这样来回重复，一个简单的动作别人做10遍他做20遍。早上，同事还没来，他已经开始练习；下午下班后，别人都回家了，他还在废料上练习。一把焊枪，几块铁板，反反复复，不停地打磨技术、细抠工艺。除了自己的师傅，他还"偷学"其他师傅的操作"秘诀"，他的好学和勤快也感染了身边的人，师傅们都乐意教他，年轻人都主动向他学习。凭着持之以恒的好学精神和死磕的韧劲，不到一年，他就已经掌握了手工焊、二氧化碳气体保护焊、自动焊等多种焊接方法，并渐渐成为技术骨干，能够独立按工艺完成立焊、仰焊、全位置焊等焊接操作。

——敢于较真，功夫不负有心人

通过不断的学习和实践，王汝运终于找到了电焊工作的微妙和乐趣，他对手中的焊枪，也由简单的征服变成了深深的热爱。功夫不负有心人。1999年，王汝运顺利考取了电焊高级工资格证、德国NE287焊工证、省锅炉压力容器焊工证等焊接资格证书，这些都是电焊行业高级别的"身份证"。同年，他又以综合分数第一的成绩晋升为电焊技师。那一年，他只有29岁，是公司最年轻的电焊技师。

王汝运手持焊枪正在认真焊接

直到现在，王汝运对徒弟们说得最多的话就是："既然选择了焊工，就要往好干。终有一天，你的付出会加倍回报你！"

36年来，王汝运扎根一线，爱岗敬业，践行自己的誓言，大力弘扬"三牛精神"，一心扑在集苦、脏、累、难为一体的桥梁焊接工作岗位上，为自己深爱的这份职业几乎倾注了全部精力。在焊工这个岗位上，王汝运已经做到了极致。

从最初连图纸都看不懂的初中毕业生，到如今对中国桥梁建设有突出贡献的"大国焊匠"，几十年如一日，他像"孺子牛"一样勤于学习，像"拓荒牛"一样勇于创新，像"老黄牛"一样艰苦奋斗。围绕钢桥梁、钢结构工程生产建设，他先后参与近20座大型桥梁的建设，完成大型钢梁钢结构50余万吨焊接任务。参建的东营胜利黄河大桥、缅甸仰光丁茵大桥、京九线孙口黄河大桥、南京三桥钢塔等工程，先后获得国家优质工程金奖、全国优秀焊接工程奖、古斯塔夫斯·林德恩斯奖等国内外大奖20多项。他个人也荣获"全国劳动模范""全国技术能手""中华技能大奖"等多项称号。王汝运用36年时间实现了从"学徒工"到"大国工匠"、从普通员工到全国劳模的人生跨越，证明了只要肯钻研，技术工人照样可以创造辉煌。

从业36年，王汝运凭借着精湛的技艺、高超的实力和务实的作风，以100%的专注热情创造100%的工作业绩，为中铁宝桥打造"中国桥梁"国家名片作出了突出贡献，被誉为"我国桥梁行业的一名大国工匠"。所有的成就都离不开王汝运自己的奋斗、同事的帮助和家人的支持，"中国桥梁""宝桥制造"走出国门、名扬世界，浸透着他和身边人的心血。

黄沙百战穿金甲　不破楼兰终不还

20世纪90年代末，中铁宝桥开始实施"走出去、练队伍、创品牌"的发展战略，在沿海异地建设大型节段桥梁工程。

——走南闯北，历经生死考验

1995年4月，在距离宝鸡2000千米外的汕头，汕头礐石大桥动工兴建，该桥也成为第一座宝桥人"走出去"建设的跨海大桥。

礐石大桥是我国第一座钢箱梁与PC箱梁混合结构斜拉桥。1997年，在汕头礐石大桥建设的关键时期，公司焊接技术迎来了巨大考验，这也是中铁宝桥首次在沿海异地建桥、实施走出去战略后遇到的关键焊接技术难题。由于之前在内地工厂制作的钢箱梁吨位小、节段小，可采取翻身焊接，且焊接位置都是平焊，对操作者的技能水平要求不高。然而在汕头礐石大桥建造过程中，节段大，一个节段120吨，根本无法翻身作业，需要转变制造钢桥梁的思路和观念。面对这一棘手难题，为帮助企业渡过难关，当时27岁的王汝运，在孩子出生不到3个月、正需要父亲在身边照顾的情况下，毅然主动请缨，自愿跟随公司的建桥大军到了广东汕头，并担任电焊组工长。面对汕头礐石大桥，王汝运提出运用更高技能水平的焊接工艺，即钢箱梁不翻身作业，那就要综合运用立焊、横焊、仰焊、单面焊双面成型等焊接工艺。王汝运突破创新，他一边对操作者进行技能培训，一边攻关焊接技术难题，特别是在桥面板单面焊双面成型工艺施焊中，没有经验可循，探伤合格率最初不到80%，他每天早来晚走，在现场一待就是14小时，时而焊接，时而气刨，时而和技术人员进行技术分析，焊接试板焊了一件又一件，经过反复实践终于攻下难关。他总结发明的单面焊双面成型过码板跳焊法和收弧回焊法效果改观明显，探伤合格率达到98%以上，得到监理和业主的高度认可。汕头礐石大桥立在江水之上，一般人不会关注它所采用的焊接方法，但是焊接这座桥成了令王汝运骄傲的一件事——在这座桥的焊接工作中，他创新研究出一种新工艺：单面焊双面成型。

从西北内陆到东南沿海，走出去不仅使王汝运开阔了眼界、增长了见识，更使他的技术突飞猛进。在工地上，他总是抢着干最难、最累的活。对每一个焊接，他都无比较真。

汕头礐石跨海大桥建成以后，他带领团队立即投入国家重点工程——南京长江第二大桥（南京八卦洲长江大桥）的建设中。对王汝运来说，这座大桥有里程碑式的意义，艰苦的作业环境、艰巨的焊接任务，不仅成就了他的技艺，更是他难得的人生体验。

2001年，王汝运带领团队承担了大桥的主体钢箱梁焊接任务，他表示："钢箱梁是多边体，要用到横焊、立焊、仰焊，需十几个人紧密配合。"

时值盛夏，要在高达五六十摄氏度的密封箱体内作业，箱体内浓烈的烟尘呛得嗓子疼，弧光刺得眼睛痛痒……为了抢最佳焊接环境，王汝运和他的团队每天工作十几个小时，没有人喊苦叫累。

在桥位上作业时，已是严冬时节。桥面高达40米，脚下是滔滔江水，江面上寒风凛冽，脸像刀割似的疼，手脚冻裂了，嘴唇起血泡了，身体冻得发抖了，但还是要钻进箱梁底下，冒着严寒和危险进行作业。

王汝运回忆说："有一次，我在钢箱梁下作业时，精力全部集中在施焊上，忘记了脚下还有滔滔江水，结果一不小心，脚下一滑，心里咯噔一下才反应过来，鼻子磕在了小车的横梁上，顿时眼冒金星、血流不止，被工友送到医院才知道鼻梁已经碰裂了。"

在大桥的焊接过程中，王汝运还承担了整座桥中难度最大、要求最高的锚腹板焊接工作。这个焊接全部需要立焊，这一焊就足足焊了多半年，而且创造了焊缝100%探伤合格的纪录。据事后统计，在这个工程中，仅他完成的焊缝总长度就达2000多米，相当于长江南北岸的直线距离，他也被大家称为南二桥上的"拼命三郎"。

2002年，在国家重点工程安庆长江公路大桥生产大会战中，王汝运连续大干3个月，攻克了厚板熔透焊等诸多难题，探伤合格率达到98%以上，提前完成了焊接生产任务。多年来，他每年完成的工时始终在小组名列前茅。2002年他完成工时4367小时，2003年再次刷新纪录，达到了惊人的5619小时，一年的工时相当于一个标准的焊工干两年的活儿，他被大家称为"走在时间前面的人"。

——身在他乡，心系家人安康

为人子、为人夫、为人父后，小家的幸福、孩子的笑脸让他的脚步更加坚定，也成为他前行的一大动力。

王汝运一家三口

当初王汝运爱人得知他要去项目工地时，抱着出生不到 3 个月的女儿，满含泪水和不舍地说道："你放心去工地，孩子我来照顾。"这看似简单的话语却意味着背后巨大的付出。听着妻子朴实无华的话语，王汝运心中满是感动，他为自己能有这样一个善解人意的妻子而感到骄傲。王汝运的妻子同在宝桥工作，负责物流仓库管理，同样也面临着工作和家庭两难的困境。仓库管理工作是个细致活，所有账务不能出错，而面对幼小的女儿，也必须时时细心照顾。最后，经过与家人和父母沟通，王汝运毅然决定把年迈的母亲从山东接来宝鸡，帮忙照料女儿。就这样，操持家务、照顾老人、教育女儿等一系列家庭琐事自然而然地落到了妻子的肩上。她白天在单位上班，中午抽空回家给孩子喂奶，晚上再陪伴孩子、操持家务，周围的邻居都在街口巷尾赞叹她的贤惠。尽管生活中有苦有累，但妻子理解丈夫的选择，她无怨无悔地默默支持着他的事业，在王汝运心中这就是他的"最美妻子"。

王汝运出发时，孩子出生才几个月；待到项目结束时，孩子已经上了幼儿园。家庭的支持、妻子的坚强，让他度过了一千多个安心的日日夜夜。

3个项目，他前前后后干了5年多。工作之余，他始终牵挂着远在千里之外的小家，母亲身体怎么样？妻子这会儿在做什么？咿呀学语的女儿会不会叫爸爸了……工程圆满地完成了，但是对家人和孩子的亏欠却始终埋藏在他心里。

——比赛场上，沉着应对挑战

一场比赛，他焊了7个半小时。在"王汝运劳模创新工作室"里，各种奖状和奖牌摆得满满的。

这里面，王汝运最看重的是桌子上一块"第五届青年技能焊工比赛团体第二名"的牌子，这是2003年他和另外两名工友代表中铁宝桥参加中国中铁技术比武的成绩。那场比赛，因为一个意外让王汝运刻骨铭心。

为了那场比赛，王汝运带领团队整整练习了半年。大年初二，别人都在家过年，他们在车间练习；周末，别人在休息，他们还在练习。

脸上、手上、腿上、脖子上，到处都留下了星星点点、永久不褪的"烙印"，衣服烧坏了一套又一套，练习的钢板摞起来足足有三层楼高。

然而，比赛不同于训练，紧张的气氛弥漫全场。在仰焊环节，王汝运出现了意外，第一根焊条起弧20毫米处，边缘出现了未熔合的情况，这不符合比赛要求，即便焊接完成，也是零分！根据比赛要求，比赛过程中不能使用电动工具，唯一的补救办法就是人工剔掉焊缝，重新用锯条修复，再次焊接。如果这样，比赛难度要增加一倍。为了团队的荣誉，王汝运顾不了那么多了。他单腿跪在地上，仰头朝上，一手拿着榔头，一手拿着錾子，抡榔头、打錾子，不知道多少次砸在自己手上，足足花费了30分钟才剔完。剔完后，用锯条手工锯开长100毫米的焊缝再进行修复。修复过程中，浑身汗水，水龙头洗把脸，继续！

仰焊是四种焊接姿势中难度最大的，焊件位于正上方，要仰着头，技术操作要求高。王汝运依旧单腿跪地，用焊枪一点点进行修复。焊花落在手腕上、胳膊上，他也顾不上疼。

7个半小时，他完成了比赛，其间没有吃饭、休息。比赛结束，他已经浑身湿透、身体瘫软，连走路的力气都没有了，但是裁判对他竖起了大拇指，服了。

关键时刻，王汝运拥有水一样的韧劲和力量，能顶得上去。最后他获得了个人、团体两个第二名的好成绩，总分仅比第一名少了零点几分，这是当时中铁宝桥参加中国中铁技术比武以来取得的最好成绩，为宝桥在行业内树立了良好的口碑。

在此后的几年里，王汝运陆续参加了中国中铁第五届和第六届青年焊工技能大赛、陕西技能大赛、全国技能大赛，都获得了不错的成绩。2017年，作为中国中铁代表队的领队兼总教练，王汝运率队参加了上海金砖国家国际焊接大赛,一举获得团体银奖和优秀组织奖两项殊荣,实现了中国中铁在国际大赛上奖牌"零"的突破,为有着30多万职工的中国中铁赢得了国际殊荣。至此,王汝运不仅是宝桥的骄傲,更成为中国中铁亮相国际舞台的"名片"之一。

春蚕到死丝方尽　蜡炬成灰泪始干

王汝运经常对自己和工友说:"市场思维的改变、产品技术的升级,要求我们不仅要能苦干、实干,而且还必须会干、巧干,不会创新迟早会被淘汰。"近年来,中铁宝桥成立了以王汝运名字命名的"王汝运劳模创新工作室",王汝运从此有了属于自己的"创新大舞台"。

——传承技艺,栽种满园桃李

常言道:"一花独放不是春,百花盛开春满园。"比赛不仅仅获得荣誉,更是激励人才成长的有效手段。对此,王汝运勤勉敬业、奋发有为,主动挑起了创新带头人的重任,先后培养出高级技师5人、技师12人、高级工25人,使工作室成了孵化高素质高技能职工队伍的"大课堂",为企业提质增效、转型升级、人才强企、创新发展作出了积极贡献。现如今这些技师也都成为企业的"香饽饽",在急难险重任务中都能看到他们的身影,王汝运所在的电焊组也成为企业基层先进班组的一面旗帜,先后荣获"全国工人先锋号""中央企业红旗型班组""陕西省工人先锋号"等称号,连续十几年被中铁宝桥集团公司评为"先进班组"。"王汝运劳模创新工作室"也成功跻身宝鸡市、陕西省职工(劳模)创新工作室行列,并于2017年被中国中铁设立为首批"技能大师工作室"。在钢梁和道岔生产中,他和工作室成员一道收集上报经济技术创新项目82项、合理化建议14份、QC成果9项，累计创造经济效益200余万元。

王汝运扎实的技术功底、务实的工作态度，深深地激励着年轻一代的成长，徒弟赵凯就是其中的代表人物。赵凯说："我师傅常说，人这一辈子，浑浑噩噩是一辈子，努力奋斗也是一辈子，人生同样的长度，却能活出不同的高度。干工作也是，混是一天，努力干也是一天，日积月累，最终就有了明显差距，要干就干好，不想干就早早偃旗息鼓另谋他就！""师傅的这些话影响了我的职业生涯，现在的我，在努力干好工作之余，有意去培养对工作有益的爱好。"王汝运成了赵凯人生方向的指引者，在黑暗处为他燃起了希望之灯，使他在追梦的道路上不再迷失方向。王汝运，诠释了"水的胸怀"。

——锐意创新，勇攀技术高峰

"作为一名一线工人，技术只能代表能力，实干才能代表品质，不好好干活一切都是零。"王汝运经常这样对工友说。

每天，王汝运大部分时间都在中铁宝桥的钢结构车间，拿着焊枪专心致志地重复着几十年都在做的工作。扎根一线是王汝运多年的习惯，干中学、学中干，在实践当中发现问题，然后解决问题，一点一点提高，是王汝运对整个焊接团队的要求。

制造业是强国之基，焊工是制造业中的关键岗位之一。多年来，王汝运秉承精益求精的信念和开拓创新的精神，攻克一个个难关，勇攀技术高峰。

飞溅的焊花，绽放出炫目的弧光，在王汝运的心里有着难以言说的分量。他把技术创新成功地运用于生产中，在钢结构、道岔产品制造中，他总结了氩弧焊、螺柱焊及铝热焊等行之有效的焊接方法，得到广泛推广和应用；在西安曲江旅游观光工程轨道梁生产制造过程中，他创造的双枪不断弧焊接包头法不仅达到了设计要求，还得到了质监、技术部门及外国专家的高度认可；在西安三星重钢厂房项目中，他通过改装现有埋弧自动焊设备并用于三星厂房电渣焊，解决了钢柱隔板焊接不达标问题，该项改造获经济技术创新成果一等奖。

多年来，围绕钢桥梁焊接技术创新，他的创新步伐从未停止。

芜湖长江公铁两用大桥是国内首次采用板桁组合结构建造的桥梁。在大桥生产制造中，他针对整体节点焊接变形控制难度大的问题，采用二氧化碳药芯焊丝焊接熔透焊缝的焊接工艺，一次探伤合格率达到99.6%以上，生产效率提高了5倍。

南京长江三桥钢塔柱高215米，重12000吨，被誉为"中国第一塔"。在项目制造中，他担任电焊组工长，建议对结构形式复杂、断面大、焊缝密集的钢塔节段，按照"板单元件、块体、箱体"三步完成的制作工艺进行建设，大大提高了生产效率，保证了塔段整体的几何精度，成功打造出了世界第一座圆曲弧线形钢塔。南京长江三桥"一桥飞架南北，当惊世界殊"。

重庆朝天门长江大桥主桥为190米+552米+190米的三跨连续钢桁系杆拱桥。为了确保钢锚梁焊接质量和进度，王汝运亲自担任突击队队长，共焊接锚箱196个，一次探伤合格率达到99.6%以上，得到了业主的高度评价。

当人们问到港珠澳大桥的施工难度时，王汝运笑着说："对我们来说没有太大难度，因为这么多年，我们已经拥有了雄厚的技术实力。"

这些"超级工程"，在中国桥梁史上具有里程碑意义，为中铁宝桥在国际桥梁界赢得了一席之地。

如今的王汝运已站在技术之巅，成了行业内著名的电焊工匠技师，荣获了"全国劳动模范""全国岗位学雷锋标兵""中国中铁专家型职工""陕西省十大杰出工人"等称号，享受国务院政府特殊津贴。但他始终认为，个人的荣誉是建立在团队合作的基础之上的。作为整个焊接团队的带头人，他吃苦在前，事事作表率，从不计较个人得失。他说："人这一辈子，能够在工作中发光发热，能够全身心投入和钻研，是很幸运的事。"

2021年6月，王汝运获得"中华技能大奖"，这是国家对技术工人技术、技能水平的最高褒奖。

"幸福都是奋斗出来的！"这是王汝运的口头禅。作为平凡岗位上的普通职工，王汝运怀着那份"工匠"精神，弘扬"爱岗敬业、争创一流、艰苦奋斗、勇于创新、淡泊名利、甘于奉献"的劳模精神，积极投身到全面建设社会主义现代化国家的伟大实践中，奉献自己的智慧力量，实现自己的人生价值。

淡如秋菊何妨瘦　清到梅花不畏寒

"有人曾经问我，是什么支持我在平凡的电焊工岗位上一直走到现在？我想，对我而言，这一辈子除了感激党组织和单位对我的培养教育之外，我最应该感谢的，就是我的爱人，是她用柔弱的肩膀扛起了我们的家，让我没有后顾之忧地投身于工作，助力我从成功走向新的成功。"王汝运自豪地说。

——勤俭自律，创造幸福家庭

每个幸福的家庭都有不一样的颜色，说起王汝运的家庭，他总是笑意满满。作为家里的贤内助，妻子黄凤春清廉贤惠，勤俭持家。多年来，为了王汝运能够取得事业的进步和成功，一直在背后默默支持着，周围的邻居都称赞她贤惠能干。尽管生活中有苦有累又有泪，但妻子从来都是"报喜不报忧"，理解尊重王汝运的每一个选择。黄凤春长期以来一直从事物流仓库管理工作，在组织的培养和家庭的影响下，她踏实肯干、兢兢业业，所管账务、物料清晰明了，工作中从未发生过大的差错。

女儿王甜从上学到工作，生活上尊敬长辈、团结邻里，工作中认真负责。2018年大学毕业参加工作后，面对每日数百万计的现金业务，她时刻谨记父母教诲，传承廉洁家风，时刻坚守道德底线，廉洁自律，勤奋上进，踏踏实实做好本职工作，深受单位领导和同事的好评，并多次荣获单位"优秀青年员工""先进个人"称号。良好的家风创造了幸福的家庭，父母的言传身教给了孩子安身立命的资本。王汝运的家庭诠释了"水的宽厚"。

——廉洁担当，方能善作善成

"德才兼备，以德为先。"除了高标准、严要求，干好工作之外，王汝运时刻要求自己清正廉洁、自律自省，不断提升自身素质。在担任电焊组工长的20年里，他始终坚持堂堂正正做人、清清白白做事，自觉养成在"聚光灯"下行使权利、在"放大镜"下履行职责的工作习惯。他坚持率先垂范、以身作则，不多拿组织的"一针一线"，坚决守好廉洁自律的道德底线。同时，将廉政建设与班组日常工作同安排、同部署、同考核，强化组内员工自省与监督，努力营造班组积极向上、风清气正的工作氛围，以实际行动赢得了单位领导和职工群众的口碑、信任和拥护。王汝运诠释了"水的柔德"。

著名作家冰心说过："成功的花儿，人们只惊羡它现时的美丽，当初它的芽儿浸透了奋斗的泪水，洒遍了牺牲的细雨。"在学术界，也有一个著名的"一万小时定律"。这一定律指出，任何人如果想要在某一领域变得十分出色，都需要经过至少 1 万个小时的练习，才能够达到一个高层次、高水平。王汝运既经历了冰心笔下"奋斗的泪水、牺牲的细雨"的历练，也经历了"一万小时定律"的考验，在他的身上，折射着崇高人生境界的永恒魅力，散发着信念、梦想、奋斗、奉献的璀璨光芒。

到底是一种什么样的力量，让他每天在重复、艰苦、枯燥的生活中无怨无悔地坚守了 36 年？

"把产品做成精品"是每一个电焊工的职责所在，是支撑他 36 年如一日坚守的坚定信念；"一生电焊，直到焊不动的那一天"是他许下的铮铮誓言；"焊好每一条焊缝"是他始终不忘的初心、牢记的使命。王汝运把恪尽职守、勤勉敬业、奋发有为、鞠躬尽瘁诠释得淋漓尽致。王汝运虽然只有初中文化，但他立足岗位、勤学苦干，不断攀登自己的人生高峰，实现了从"学徒工"到"大国工匠"、从普通员工到全国劳模的华丽转身，为中铁宝桥打造"中国桥梁"国家名片作出了突出贡献，被誉为"我国桥梁行业的一名大国工匠"。王汝运家庭，用行动和爱诠释了和谐包容、理解信任、共担责任、不离不弃、和睦乐观的良好形象，也为传承优良家风树立了先进榜样。

这就是"大国工匠"王汝运和他家庭的真实写照，他们用毅力、勤奋和仁爱成就了"大国工匠"，实现了"家庭幸福"，谱写了人生精彩华章。

默契配合齐携手　同心共建廉善家

——廉善：中铁工业刘群林、吴燕霞家庭

孩子们6个月大时，妻子毅然支持丈夫背起行囊、北上工作，独自承担起照顾双胞胎女儿和家中老人的重任。5年来的两地分居，磨灭了生活中的鸡毛蒜皮，只留下相濡以沫和举案齐眉；80多次的往返，承载着离别的祝福；1200千米的距离，寄托着家人的牵挂；1800多个日日夜夜的视频对话里，有着生活的酸甜苦辣和女儿们成长的欢欣喜悦。这是一个普普通通的家庭，也是千千万万个中国中铁家庭的缩影，他们分居两地、不畏艰险、艰苦奋斗、争创一流，将"开路先锋"精神传遍祖国的每一个角落。

刘群林、吴燕霞家庭一家五口人，夫妻双方都是中铁工业的普通员工，母亲年逾古稀，一对双胞胎女儿尚处学龄前阶段。缘分让夫妻俩在"匡庐奇秀甲天下"的庐山脚下相遇，在"枫叶荻花秋瑟瑟"的浔阳江畔喜结连理。自从两个女儿出生后，母亲过来帮衬，从此他们一家五口幸福快乐地生活在一起。刘群林在位于北京的中铁工业机关工作，吴燕霞在位于九江的中铁九桥机关工作。虽然平日相隔千里，也面临着巨大的工作、生活压力，但是在日常生活中，他们尊老爱幼、相敬如宾、相互理解、互相支持，彼此间有默契、有关心、有体谅，家庭和和睦睦，生活虽平淡却快乐。他们用生活中的点点滴滴诠释家和爱的真谛，成为左邻右舍称赞的幸福家庭。

爱岗敬业　勇担重任

2017年4月21日10时38分，中铁高新工业股份有限公司（简称"中铁工业"）在北京市丰台区诺德中心总部举行揭牌仪式，成为中国中铁工业板块重组成立的全新企业。

2018年年初，刘群林从浔阳江畔来到北京，成为中铁工业工会的一名职员。面对新组建单位工会一无组织体系、二无规章制度的局面，在领导的支持下，他梳理了上级单位中国中铁在组织建设方面的规章制度，收集了中铁山桥、宝桥、科工、装备等单位在组织建设方面的基本资料，按照符合制度、精简流程、贴合实际的标准，经过认真分析和精心构思，提出了中铁工业工代会筹备工作方案。经过2个多月紧锣密鼓的筹备、一周多通宵达旦的加班，2018年9月，中铁工业工会第一次代表大会在京成功举办，通过了《中铁工业工会组织办法》，成立了工会"两委"，为工会各项工作的展开奠定了坚实的基础。同时，他结合公司状况和特点，制定了工会全委会、常委会、主席例会等制度，并坚持每月召开工会主席办公会、部门例会，促进了工会组织的有效运转。他经常耐心、细致地指导所属单位工会在换届、新建、撤销等方面的工作，帮助基层单位健全完善组织体系。在他的努力下，经过3年的整章建制和夯实基础，中铁工业工会各项工作逐渐丰富和完善，基本做到了制度健全、组织完善、活动丰富、职工认可。

为履行好工会维权主责，根据民主管理要求、企业需要以及基层呼吁，刘群林认真研究民主管理及职代会建设方面的规章制度和资料，紧扣职代会召开的方式、内容和要求，编制了中铁工业一届一次职代会筹备工作方案。2019年2月，中铁工业一届一次职代会暨2019年工作会在京顺利召开，大会审议了工作报告，进行了民主测评，签订了集体合同，通过了《中铁工业职工代表大会实施细则》《中铁工业厂务公开实施办法》等规章制度，职代会工作在企业成功落地。在他的参与之下，中铁工业每年都坚持召开职代会，"会员评家"满意度均在90%以上，被评为中国中铁2020年度"提案工作先进单位"，厂务公开民主管理工作规范有序、平稳运行。

为充分发挥工会的建设职能，刘群林结合企业实际和职工需求，积极打造职工活动平台和阵地，为职工干事创业、展现自我、实现个人价值提供支撑。他积极创新工业企业劳动竞赛新模式，编写制定《中

刘群林、吴燕霞夫妻二人的工作照

铁工业劳动竞赛实施办法》，近年来负责组织开展了钢梁钢结构制造"挖潜增效，岗位建功"主题劳动竞赛、"大干100天"专项劳动竞赛、"决战四季度，决胜保目标"专项劳动竞赛等，充分地调动广大职工的积极性、主动性和创造性，积极做好劳动竞赛的统计、通报、考核，助力企业生产经营高质量发展。针对中铁工业群安员达1000多名的状况，他参与群安员与班组长专项工作调研，制定了《中铁工业群众安全生产监督工作规定》，使群安员生产监督工作更具针对性、指导性，推动群安工作走深、走实、走细。针对中铁工业劳模（专家型职工）创新工作室达40多家的状况，他制定了《中铁工业劳模（专家型职工）创新工作室管理细则》，评选了两批中铁工业"劳模（工匠人才）创新工作室"，为劳模（专家型职工）创新工作室规范化、体系化、高水平化创建打下了坚实的基础。为发挥职工的聪明才智和创造潜能，他组织开展了公司首届职工"五小"创新竞赛活动，评选表彰创新成果34个、"金点子"21个，进一步丰富和完善了公司职工创新体系。他为中铁工业工会各项工作有序推进还作出了很多努力，如建立了完善的中铁工业荣誉评选体系，制定了《中铁工业劳动模范评选管理办法》，为劳模先进评选进一步制度化、规范化提供了指引；协助推选产生"中国工会十七大代表""全国劳模""全国三八红旗手"及"全国五一劳动奖章"获得者王中美，"全国五一劳动奖章"获得者杨鸿涛、张明、王英琳、王安永等，"全国五一劳动奖状"获得者中铁科工集团、中铁装备集团盾构公司等一大批先进典型个人和集体，近5年累计产生省部级以上奖项107个，极大地提高了中铁工业的美誉度和知名度；制定了《中铁工业劳动模范管理办法》，为劳模先进的培养、申报奠定了基础。

近年来，为丰富职工群众文化生活、展现职工群众的精神面貌，刘群林除组织职工参加中国中铁各项篮球赛、乒乓球赛、羽毛球赛、桥牌赛外，还克服了所属企业分散、疫情反复的不利局面，2018年在北京组织了首届职工摄影比赛，2019年在秦皇岛组织了第一届职工羽毛球比赛、在武汉组织了庆祝中华人民共和国成立70周年歌咏比赛，2020年在宝鸡组织了第一届职工乒乓球比赛，2021年在秦皇岛组织了中国共产党成立100周年职工文艺汇演，2022年在武汉组织了第一届职工篮球赛，2023年在九江组织了第二届职工羽毛球比赛……一系列活动的举办在基层单位和职工群众中产生良好反响，大家纷纷表示"既锻炼了身体，也认识了很多其他单位的兄弟姐妹。""增添了乐趣，丰富了生活。"

作为一名共产党员、一名专职工会工作者，他全心投入为职工群众服务的工作中，当好基层工会的"贴心人"和职工群众的"娘家人"，先后获得"中国中铁优秀工会工作者""中铁工业优秀工会工作者""中铁工业机关党委优秀共产党员"等荣誉称号。

为了弥补作为儿子、丈夫和父亲的责任缺失，刘群林尽量利用周末、节假日的机会回去探亲，争取每月难得的陪伴时光。他每次回家，包里总会塞满各种零食和玩具，瞬间成为家里"最受欢迎的人"。每次他都带领全家去超市大采购，采买鱼肉蛋奶等，并且亲自掌勺，做红烧排骨、红烧鸡翅、清蒸鲈鱼、排骨玉米汤等孩子们爱吃的美食。有时周日和假日，他会开车带着一家人近郊踏春、纳凉、登高、赏雪，庐山、东林寺、白鹿洞书院、甘棠湖等地都留下了他们欢乐的身影。

初来乍到　倍加珍惜

妻子吴燕霞现为中铁九桥党委组织部的一名高级主管。作为一名共产党员，工作上，她始终保持着初心和使命，积极进取、爱岗敬业、尽职尽责、兢兢业业，加强业务知识的学习，不断提升业务技能，成为部门业务骨干，先后荣获"中铁九桥优秀共产党员""中铁九桥优秀女职工""中铁九桥工会积极分子"等称号。

2019年年初，她曾到工业机关助勤半年，她协助做好每月一次的制度评审会、专题评审会工作，各项申报工作，规章制度的清理汇编工作及内控流程的修订整理工作等，很多工作是她未曾涉及过的，一开始她并不能很好地适应工业机关的工作节奏和工作强度，工作过程中总出现各种各样意想不到的问题，每一项工作对她而言都是一种新的考验和挑战。抱着学习的心态，她开始了很多的第一次，尝试着很多"原以为"的不可能，深切感受到了什么叫"学无止境""学海无涯"，在一次又一次的修改中她得以成长，在一次又一次的加班加点中她不断提升，当由她参与申报的桥梁用钢铁结构获得全国单项冠军时，她是激动的、兴奋的，也是自豪的，回想起之前那无数次的挑灯夜战，她认为那都是值得的。

也是在这期间，他们一家人有了一次较长时间的团聚时刻，远在徐州的另外一个女儿也因为一场突如其来的疾病被接到了北京。自此，他们白天携手一同努力工作，下班后尽可能抽出时间一起陪伴孩子，周末带着孩子们到天安门、颐和园、动物园等地方游玩，拓展孩子们的视野，珍惜在一起的每分每秒的美好时光。

以身示范　无私奉献

也是在这一刻，刘群林的母亲负担起了白天独自带着两个孩子的重任，她每天早早起床，忙于一日三餐，照顾一家人的饮食起居，还要忙着洗衣服、拖地、整理物品等，总是闲不下来。劝她多休息，她总说："反正闲着也是闲着，趁能干得动就多干一些，能帮着你们分担一点是一点，毕竟你们每天上班很辛苦。"劝她多吃点有营养的东西，她却总把肉、蛋等留给两个孙女吃，自己只吃蔬菜和豆制品，而且从来不会浪费粮食。因为患有多种慢性病，需要长期吃药，儿子儿媳总是提前储备好药物，不舒服时及时送医问诊，老人的身体总体维持得较好。"家有一老，如有一宝"，无论怎样的生活烦恼，在母亲这里总能得到化解，即使再大的困难，在母亲这里总能找到解决办法。正所谓"一位好母亲抵得上一百个教师"，她用真诚睿智的语言感染着家庭成员，用朴实无华的行动指引他们前行，成了这个家庭坚强的后盾，是这个小小家庭和睦美满的基石。她的精心养育、积极引导和无私奉献，为在外奔波的孩子们提供了一个可以随时停靠的宁静港湾。母亲的自尊自立、乐观坚强深深地影响着下一代。

刘群林的母亲出生于1949年3月，是与中华人民共和国共同成长的一代人，缺衣少食、姊妹众多的艰苦环境，使她养成了勤俭节约的好习惯、勤快能干的好作风、不畏艰难的好品格。40岁时，丈夫因病不幸离世，她谢绝了各方好意，靠着4亩薄田的收入，独自抚养3个子女长大成人，从此未嫁。别看她文化水平不高，只约略识字，但是眼光长远，在那个还在大力普及九年义务教育的年代，她通过务农、打零工的收入，供2个女儿完成了初中学业，并供出了村里第一个大学本科生，成为远村近邻交口称赞的对象。岁月的风霜和多年的辛勤操劳在她身上留下了无情的痕迹，因高血压、骨质增生、胃炎、关节炎，她常年服药。儿子刘群林大学毕业以后，她辞掉零工回家独自生活。尽管病痛缠身，她依旧坚持养鸡种菜、砍柴种田，以乐观豁达的心态积极面对生活。孙女们刚出生，她立即从武汉赶来九江，帮着照顾小孩儿，尽量分担儿媳的生活压力。

母亲是伟大无私的，她的理解和付出是对这个家庭最大的支持和肯定。她从不抱怨，从不求回报，用耐心、爱心和真心维系着家中的一切，只愿她的至亲至爱们平安顺遂，希望子女能专心工作、无后顾之忧，希望孙女们能快快乐乐、健康成长。正是母亲的谆谆教导和无私奉献，才为他们营造出了一个积极、健康、文明、向上向善的家庭环境。

牢记使命　　尽职尽责

相聚的时光总是那么短暂，2019年9月，妻子吴燕霞带着一家老小回到了九江，她的工作岗位也由行政部门换成了党群部门，她先后在党委宣传部和党委组织部工作。在短暂的迷茫和彷徨后，为了弥补政治理论方面的欠缺，她努力学习党的路线、方针和政策，认真学习党的十九大、二十大和国有企业党建工作会议精神，用习近平新时代中国特色社会主义思想武装头脑，树立正确的世界观、人生观和价值观，坚定共产主义理想信念。在平时的工作中，她不断增强党性意识，加强党性修养，时刻用党员的标准严格要求自我，通过学习和实践不断提高综合素质和业务能力。

刚到宣传部，她需要做好日常素材的收集、修改和整理，保质保量完成好报纸编排、印刷等系列工作；第一时间做好新媒体的推送工作，与所属基层单位的通讯员联系沟通，充分挖掘公司参建工程的亮点、先进人物的事迹、科技攻关的事例等；主动对接上级部门，做好企业外宣工作，保证新闻宣传的及时性和有效性；积极参与日常拍摄工作，协助做好相关会议、项目生产、外来考察等拍摄任务，并及时做好照片的整理、保存和相关稿件的编写工作；参与制定《中铁九桥工程有限公司践行"三个转变"评比表彰实施办法》，修订《中铁九桥工程有限公司党委理论学习中心组学习规则的通知》《中铁九桥新闻宣传工作管理考核办法的通知》等文件制度。这些工作都让她倍感新鲜，也让她倍感压力，宣传工作很多时候追求的是速度和热度，不仅要有新闻的敏锐度，更要有创新的切入点，为了高质量完成手上的工作任务，她刻苦学习业务知识，不懂就问，积极沟通协调，高标准、严要求，学会了微信编辑、简单的 PS 软件应用、视频剪辑等，通过不断的尝试和反复的琢磨，她的工作能力在实践中快速提升。每当看到微信公众号中不断攀升的点赞人数，看到那一张张印刷定版的《九桥信息报》，看到被推送而出的短视频，她都倍感欣慰，这些都印证着一句话：星光不负赶路人。

在那之后，她又接受了新的挑战，因工作需要被调到了组织部。她再次拿出奋力学习的劲头，研究发展党员工作细则的要求，认真做好党员发展前的基础工作，指导基层做好培养考察工作，积极参加基层发展党员群众座谈会，帮助基层党组织做好发展党员工作。她能积极主动和基层各党组织沟通交流，及时解决基层反馈的问题，快速、高效地完成各项工作，同时做好支部换届选举、党费的收缴管理使用、党员教育培训、党统年报等各项党建基础性工作。为适应当前业务工作，她虚心向身边的领导和同事请教，积极参加各类党务培训，学习了解相关的党务知识，不断提升业务素质和专业能力。通过同事们的帮助和自身坚持不懈的努力，她熟练掌握了工作技巧。组织的工作是严肃的，因此她需要更加细心，作为服务部门，她也需要更加耐心，在一遍遍的研究思考中，她收获满满，也为今后的党务工作打下了坚实的基础。

她作为支部的党风廉政监督员，能严格遵守公司的各项规章制度，积极学习了解党风廉政建设的相关制度文件，通过学习不断丰富知识储备、提升能力。定期上报信息报告，做好党风廉政建设记录，将党风廉政建设和本职工作有机结合并认真履行，不断提高廉洁意识和责任意识，始终做到自重自省、自警自励，筑牢思想防线，时刻保持警钟长鸣，做好岗位廉洁风险防控。

扶老携幼　为母则刚

在做好本职工作的同时，她也在努力扮演好一个妈妈的角色。有人说："你太能干了，什么都给扛了，所以才会这么累。"是啊，曾经的她从不关心柴米油盐酱醋茶，如今呢，却要成为全能型妻子、儿媳和妈妈。"我们公司的女的都是当男的在用。"同事开玩笑地说道。作为工程单位的职工，大部分妻子都承受着家庭和工作的双重压力。吴燕霞作为其中的一员，深刻体会到了工程人的不易与心酸，感受到了肩上那沉甸甸的责任。无论多难、多累，她始终保持乐观的心态，努力克服一个又一个困难，用行动践行着昔日的诺言。

由于丈夫常年在外，家中的重任自然而然就落到了她的肩上，但她从不抱怨，总是尽力照顾着这个家。别看她个子小，却撑起了家里的大半边天。她积极引导和教育孩子们，从小培养她们尊老爱幼、团结同学、勤俭节约的意识，并通过实际行动潜移默化地影响孩子们，成为孩子们心中的偶像。她为这个家庭营造了温馨和睦的氛围，她知足常乐、善待家人，做到了贤妻良母、职场女性两个角色的无缝衔接，成了家庭幸福美满的润滑剂。

俗话说：为母则刚，为母则强。在孩子们的眼中，妈妈似乎是无所不能的，不管遇到什么事情，第一时间找妈妈，而妈妈也总能如其所愿圆满解决。"看不出来，你这么小的个子居然能一手抱一个孩子""当了妈妈就是不一样，之前不会的现在都能做了"……同事朋友们纷纷称赞不已。

前几年孩子还小的时候，总是感冒发烧，严重时还住了院，她却安慰自己："还好是两个人轮流生病，不然真顾不过来。"一天半夜，她和小孩一起呕吐，她没有惊醒老人，在快速调整好自己之后安抚着受惊的孩子，等孩子睡着了才去打扫卫生。默默地付出，悄悄地守候，静静地等待，她全心全意地支持丈夫的事业，一心一意地照顾好这个小家，用积极乐观的心态面对生活，时刻保持着自信自立，希望能够通过自己的努力，给予家人更加无微不至的关心和关怀，让自己的家庭变得更加温暖有爱。因为她坚信，生活不只柴米油盐，还有诗和远方。

每当回想起孩子们边跑边大声喊着"爸爸"的那个画面，她都忍不住湿润了眼眶。孩子们总在她耳边说道："爸爸怎么还不回来？我都想他了，他每次走我们都会哭……"每次爸爸回来了，孩子们都会问他能在家待几天，并且算着离开的日子。多年来，无数次的相聚、分离，本以为已经习惯了，可看着孩子们那一次次的满心期待和欢呼雀跃，她那颗假装坚强的心依旧无处安放。大家看到的永远是她坚强、乐观的一面，而内心深处的彷徨与不安，也只有她自己最清楚。现实不允许她脆弱，也不允许她说不行，久而久之，连她也认为自己本来就应该如此。她害怕自己生病，在全家都感染了新冠肺炎病毒之后，她默默地告诉自己：你是家里的主力，你绝不能躺下。她拖着疲惫的身体，照顾着躺在床上的老人和无助虚弱的孩子们，在经过无数个担心和害怕的夜晚后，靠着坚强的信念和坚定的信心，全家人齐心协力，成功渡过了这次难关，这也让他们的心贴得更近、挨得更紧。

相亲相爱　快乐成长

好在，随着孩子们的成长，最艰难的时刻慢慢过去了，两个乖巧懂事的女儿现在已经上幼儿园大班了。她们每天都会讲述幼儿园的趣事，虽然年幼，偶尔也很淘气，却给这个家庭带来了太多的惊喜和欢乐。夫妻二人都非常重视孩子们的思想教育，教育孩子们讲文明、懂礼貌、守规矩，并用实际行动引导孩子们勤劳勇敢、明辨是非，多次受到幼儿园老师的表扬。在大人们的耐心教育下，孩子们知道了什么是坚持，她们会说："妈妈，我现在跳舞都不哭了，没有半途而废，而且我还喜欢跳舞了，这就是坚持，对不对？"在听完孔融让梨的故事后，妹妹在选吃的东西时会说："我选小的，因为我是妹妹，大的给姐姐。"姐妹俩偶尔出现小摩擦的次数也在不断减少，并且能互相谅解、互相道歉了，两姐妹的相处越发友爱和谐了。

"妈妈，我看完这本书好难过。"虽然两个人并不识字，但通过大人之前的讲解和生动形象的图片，两个人可以静静地坐下来好好看

家廉——"六廉"典型家庭选集

刘群林一家四口

书。有时一人对着书本一边看一边讲，而另一个则立马跑过来，一脸认真地仔细听故事，有时会缠着大人一本接着一本地讲，并注意是否多翻了页面，偶尔询问某个词语的意思，她们认真翻看书本的样子总给人一种岁月静好的美感。人们常说，女儿就是贴心小棉袄，她们也用自己的行动力证了这一点。她们偶尔会说："妈妈，你累了，我帮你捶捶背吧！""妈妈，我帮你拿吧，我怕你累着。"……她们的童言稚语滋润着大人们疲惫的心田，她们的真诚质朴化解了生活中的一切烦恼和忧愁。她们用最纯真的心灵、最简单的行为，努力表达着自己对家人的关爱，分担着家庭的琐碎，在不经意间给家人们带来惊喜和欢乐。

　　总有人说："你家是双胞胎女儿啊，真好，我觉得两个女儿是最幸福的。"随着孩子们渐渐长大，总能在她们相处的点滴之间感受到这种幸福。在妹妹哭着想听故事而大人没空时，姐姐会说："我来给你讲吧。"在姐姐手指受伤想吃松子时，妹妹也非常友善地说："没事，我来剥给你吃。"她们不会凡事都找大人们帮忙，在自己的能力范围内，互相帮助、共同解决，两个人互相宠着对方、爱着对方、疼惜着对方，友谊的小船前进得愈发稳当了。

勤俭节约　　美德传家

　　2022年9月，吴燕霞带着两个女儿去了江西德安袁家山参观袁隆平纪念馆。在馆外种植的杂交水稻田埂上，吴燕霞向女儿们讲述了"杂交水稻之父"袁隆平与杂交水稻的故事，两个女儿听得津津有味。

　　"妈妈，你看，我吃得干净吧，一粒米饭都没有了。"参观完后，孩子们似乎更加理解了什么是"谁知盘中餐,粒粒皆辛苦"。"一粥一饭,当思来之不易;半丝半缕,恒念物力维艰。"习近平总书记一直高度重视粮食安全,提倡"厉行节约、反对浪费"的社会风尚,并多次强调要制止餐饮浪费,为此,各地相继出台了相关政策,并开展了"光盘行动"等措施,各企业单位也积极响应落实,制定下发了"勤俭办企业十不准"通知。夫妻二人遵守各项规定,主动践行践诺,不仅自身从观念上、行为上改变工作作风、强化节约意识,坚决杜绝各种浪费行为,还努力培养督促家人形成勤俭节约的习惯,在日常生活中牢牢树立勤俭廉洁的意识,始终保持艰苦朴素的优良传统。

在孩子们淘气不好好吃饭时告诉她们,"锄禾日当午,汗滴禾下土",一定要好好珍惜餐桌上的食物才行;在孩子们看到那些枯死的花草树木时告诉她们,今年我们这里下雨很少,但因为生活在长江边上,所以感觉不是很明显,在那些缺水的地方,水在经过反复使用后都舍不得倒掉,所以一定要节约用水才行。利用各种机会,结合一个个具体的事例,夫妻俩向孩子们讲述中华民族勤俭节约的传统美德,讲述家中祖祖辈辈勤俭节约的良好家风,以实际行动感染孩子,让孩子从小受到启发和教育。在日复一日的耳濡目染之下,孩子们知道了应该从小事做起,一滴水、一粒饭、一度电都应该倍加珍惜,渐渐养成了勤俭节约的好习惯。

齐心协力　美满幸福

这是一个廉善传家的家庭,有一个和蔼可亲的母亲、一个勤奋上进的丈夫、一个温柔体贴的妻子和两个古灵精怪的女儿。虽然常年聚少离多，但他们的心依旧紧紧挨在一处，劲也是努力往一处使的。为了更加美好的明天，他们互相扶持、共同努力，大事小情都能有商有量，在家庭内部营造了一种清廉、正气、和谐的良好家风。

日常工作中，夫妻二人恪守公司规章制度、任劳任怨、勤恳奋进，并积极为同事们排忧解难，有较强的廉洁意识，自觉抵制各类利益诱惑，做到看齐先进，通过不断的学习，提升了自我素质，培养了高尚的道德情操，有较高的政治觉悟和责任意识，能坚定"两个确立"，树牢"四个意识"，坚定"四个自信"，坚决做到"两个维护"。拥护党和国家路线、方针、政策，堂堂正正做人，踏踏实实做事。作为党员的他们，时刻牢记入党誓词，坚决拥护中国共产党的领导，以"服从组织、团结同志、认真学习、扎实工作"为准则，用党员标准规范自己的言行，在平凡工作岗位上认真履行党员的责任和义务，积极发挥先锋模范作用。

生活中，他们彼此宽容体谅、友爱和睦，共同承担家庭事务，能相互尊重、相互信任、相互扶持、相互包容，用耐心和爱心经营生活，遇到困难总能互相商量、一同面对，有矛盾或分歧时，能及时沟通解决，他们一起经历风雨，共同缔造美好的幸福生活。他们努力提高自身的修养，待人热情真诚，严格遵纪守法，积极维护社会公德，履行公民的权利和义务，坚持廉洁奉公的原则，严于律己、宽以待人，经常交流工作体会，互相取长补短，碰到问题互相开导、互相支持、共同进步。他们在日常生活中时刻注意孩子们的言行举止，做到及时发现、及时纠正，告诉孩子们什么是善、什么是恶，如何才能成为一个文明礼貌的好孩子，通过一点一滴的耐心教导，传承培养良好的家风家纪。

家是最小国，是每个人的归宿，它是温馨的、温暖的，是心灵的归宿、情感的寄托。刘群林、吴燕霞家庭时刻牢记自己的初心使命，注重家庭、注重家教、注重家风，继承中华民族优秀家风文化，推进"六廉"文化走进家庭、走近家人，将廉洁文化充分融入家庭生活中，时刻筑牢家庭防腐倡廉的底线，营造出风清气正的良好家庭氛围。他们的家庭是平凡的，是幸福的，也是清廉的。他们坚信：传家两字，曰读与耕；兴家两字，曰俭与勤。

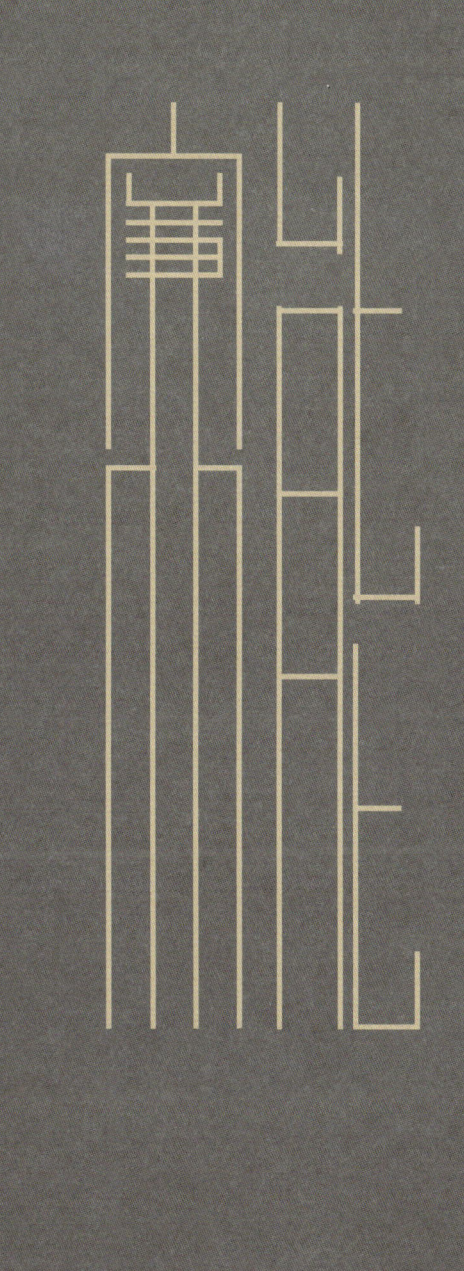

钟情土木　因桥结缘
工程师与技术咖的珠联璧合

——廉能：中铁重工田小凤、李潭家庭

人们常说，家是最小国，国是千万家。家是国的基础，国是家的延伸。中国是一个孕育着14亿人口的"大家"，从古至今，因有许多"小家"怀有砥砺爱国之志，才使中国这个"大家"能巍然屹立在世界东方。在中铁重工，也有这样一个"小家"——田小凤、李潭家庭，他们信念坚定，廉洁奉公，苦练本领，勇于担当，努力投身于国家的桥梁建设事业中，用平凡的行动诠释了什么是廉能家庭。

田小凤，中铁重工有限公司华中分公司党支部书记、总工程师，长沙市万家丽路北延线工程项目经理。先后获湖北省"建功立业标兵"、中国中铁"先进女职工"、中铁高新工业"先进女职工"、中铁科工集团第二届"劳动模范"、集团"巾帼标兵"和"十佳明星职工"等荣誉称号。

丈夫李潭，中共党员，一级建造师，现任中铁重工有限公司设计研究院党支部书记、院长，景观钢桥研究所所长，是湖北省钢结构协会专家、中施协专家。先后获第十四届"中国钢结构金奖"突出贡献项目经理、武汉市江夏区2021年度"青年拔尖人才"、2022年度"武汉英才"、2022年度"中铁工业劳模"等荣誉称号。夫妻二人均为西北人，毕业后怀揣着一腔建功立业的热血来到中铁重工，一干就是14年。

在重工，他们见证了重工钢结构桥梁事业的起步、发展与腾飞，见证了重工从单一产业到成为国内专业从事城市钢桥、景观钢桥、建筑钢结构、集成房屋、工业产品等制造安装，集工程机械研发、制造、服务于一体的国有科技型企业，也见证了重工"1+3"品牌体系的孕育与成熟，为中铁重工的高质量发展贡献了力量。他们的脚步遍布了重工国内各个项目，他们是桥梁建设专家，也是永远冲锋在前的急先锋。回首2009年他们大学毕业走进中铁重工的那天，留在他们印象中的只有四处斑驳的武北分厂、过时老旧的20世纪60年代机床、一台165架桥机，还有师傅们口中那个念念不忘、曾经带给他们自豪、愿意奉献一生的武机厂，这些都与现在中铁重工这个品牌格格不入。但是绝处才能逢生，重工人完全继承了老一辈特别能吃苦、特别能战斗、特别能奉献的精神，咬紧牙关，开启了重工人桥梁钢结构事业的新生。从最开始的人行天桥，到东沙连通工程、雄楚大道立交桥，再到今天遍布全国各个城市的地标性钢结构桥梁建设工程，产值从1亿、3亿、7亿、10亿，一步一个台阶，到今天的50亿，10年光阴，一代代重工人凭着心中那一份信念，发扬着铁流精神，一个个重工人就像一滴滴铁水，汇聚成真正的铁流，流出了势不可当的气势。

10年的时间，重工人始终如履薄冰，不但在桥梁钢结构市场做大做强，还将业务扩大至建筑、大型展馆钢结构等市场，现场吊装、平转、竖转、顶推、拖拉、提升等施工技术更是玩得转。重工公司已经成为"国内一流的城市钢桥制作安装名片"和"国内一流的景观钢桥制作安装名片"，依托钢结构专业优势，在建筑钢结构、滇中引水等管网钢结构中成绩卓著。公司紧跟国家交通发展形势，在新型轨道交通方面更是一马当先，参与了国内第一条东湖有轨电车线路建设和国内第一条空轨线路建设，建造的多项技术填补了国内外空白。

政治觉悟高　勇冲锋善作为

田小凤和李潭作为党员，面对公和私、义和利、是和非、正和邪、苦和乐的矛盾，始终选择前者。无论何时何地，相信组织，服从组织，在大是大非面前，头脑清醒，立场坚定，自觉站在党组织和企业大局的角度想问题、办事情。

他们一个是项目一线现场负责人，一个是公司设计院负责人，随着公司各项业务的不断拓展，他们的身影也随之出现在公司各个重难点技术攻关及项目上，包括公司的第一座钢塔竖转技术施工、第一座无导梁顶推技术项目、第一座跨江钢混叠合梁制造及安装施工、军运会保障项目、抗疫复工复产、抗洪救灾等，他们充分地发挥了党员先锋模范作用，用言行感召周围的同志，让"党员"这一光荣称号在自己身上闪闪发光。

"百善孝为先"，田小凤、李潭夫妻二人自工作起，每年过年坚持回家。从武汉到张掖，火车是到乌鲁木齐的过路车。每逢过年，车票异常紧张，抢票回家是第一要务，哪怕是二十五六个小时的坐票甚至站票，只要能回去看看双方父母，告诉父母他们在武汉生活得很好，让父母放心，他们就心满意足了。2020年疫情肆虐，当时他们俩在高台，得知公司要去援建火神山医院，双双请战，找公司开证明，与县疫情防控中心等部门联系，虽未征得同意，但他们未曾放弃。2020年2月16日，湖北封控，但是外地项目可以复工，得此消息二人又赶紧请战，协调取得通行证，李潭在2月23日远赴昆明，开始滇中引水工程的工作，田小凤在3月1日只身赶赴湖南长沙开始重工第一个JR项目的生产复工工作。他们俩很想多留两天给女儿过个生日，但是想想，与在武汉抗疫、全国抗疫的人相比，这些又算得了什么，于是赶紧出发。疫情在，他们在，在接到任务不到一个星期的时间，厂内复工复产，来自全国各地的生产人员已达130人左右，疫情防控和生产任务都不可耽误，田小凤每日工作时间均达18个小时以上，早晨6点她比工人早到车间，凌晨一两点她仍坚守在车间。就这样，不到一个月的时间，生产的成品陆续发往了项目现场。

滇中引水是水利部关系国家民生的大事，也是重工在管网钢结构这个行业的开端。在滇中引水项目中，全线路几百公里，路险且各点距离远，当时疫情情况不明，形势严峻，但任何问题都阻挡不了李潭前进的脚步。他每日开车去沿线反复查勘现场、研究资料，只为把这个项目做好一点，做得再好一点。

2021年7月21日，河南卫辉大雨，孟姜女河堤告急。此时正值暑假，李潭出差在外，田小凤在接到当地的支援请求后，将女儿放到了同事家临时照顾，连夜抽调5名党员，组建了"铁流党员突击队"，购置药品、食品奔赴卫辉孟姜女河堤，立即投入固堤、护堤、守堤的工作。铲沙子、石子装袋子，一袋袋扛着往大堤搬，整整一个晚上，未曾歇息。一个大堤上的人说："你是这一段大堤上唯一的女同志啊，单位怎么派你过来啊？"她笑着说："在单位咱就是搬铁块的，在这搬石子，一样的，咱干活不分男女，一样能干。"7月25日，卫辉市水位急涨，

钟情土木　因桥结缘　工程师与技术咖的珠联璧合 | 45

所有人员统一待命，于凌晨 4 点，扶老携幼，拿着行李，沿着卫河大堤撤出。田小凤组织项目部车辆及突击队员 17 人投入队伍中帮忙，用车辆转移行动不便的高龄老人和小孩，前后共转移 30 余人，多次往返几十公里外的亲友安置点。

田小凤带领中铁重工华中分公司党支部"铁流党员突击队"开展河南卫辉抗洪护堤行动

在艰难险重的任务面前，他们俩从未退缩，始终以党员的标准来严格要求自己，冲锋在前，但是面对家人，他们始终深感亏欠。

2013 年，田小凤怀孕了，但她一直坚守在工地上，直到快要生产，且考虑到在武汉会分散李潭的精力，在明知道武汉医疗条件会更好的前提下，她还是选择回老家待产，直到生产前夕，李潭才匆匆赶到。

然而李潭在田小凤生产后仅5天就离开了，急匆匆地奔赴工作岗位。田小凤也在生产后3个月就立即返回工作岗位，一刻也不敢耽搁。一晃，就是又一个春节，当他们再回到家时，当时襁褓中的婴儿已是正在学走路的幼儿了，一年的光阴，他们错过了太多。

业务水平硬　挑重担拓业绩

自参加工作以来，田小凤先后负责了武汉大道工程、武汉东沙连通工程、昆明绕城高速公路工程、常福大道顶推工程、贵阳筑城广场工程、武汉市高新二路未来之门大桥、江西省樟树市赣江二桥工程、武汉光谷大道南延线工程、JR项目、南泥湾大道、额头湾立交改造工程、万家丽路北延线改造工程、白沙洲快速改造工程等多个大型桥梁的制作和现场施工，积累了丰富的桥梁制作及施工安装经验。

其实在一开始，他们二人都不是钢结构和桥梁建设施工的专业人员，但专业问题并没有难倒他们。两个人刚开始都在技术中心，办公地点离家较近，秉承着"不会就学"的理念，下班后两个人就一起在单位研究图纸、研究规范、研究前辈写的方案，就这样迅速地成长了起来。两个人先后迅速取得一级建造师资格，且上班不到2年，田小凤就迎来了她的第一个项目——云南绕城高速，并担任项目总工。李潭也开启了他的项目生涯——福建沙县府前悬索桥。他们一南一东，各自奔赴在自己的项目中。

田小凤负责的云南绕城高速项目在昆明周边山里，日照强、风沙大，项目部的生活用水甚至都是水车每日往上送的。她在山里终日与风沙为伍，在不到一年的时间里，别人都以为她是地道的云南人。第一次做项目总工,现场四层立交,地势高低不平,高差36米,面对业主总工的质疑声,她用自己的专业知识,不仅完成了建设,还研究应用了一种用于已架设梁段为吊装作业平台的技术,解决了山区高墩钢箱梁无占位的施工难题。

2011年,重工接到贵阳筑城广场四座跨南明河桥梁项目,该项目造型奇特,结构复杂,技术难度非常大,且从中标到通车工期仅有3个月,从材料采购、制造到安装仅仅90天时间。为了确保项目顺利履约,田小凤从接项目到通车,从设计图纸到车间指导、现场安装,从未在晚上10点前下过班,包括十一假期,未曾休息过一天。当时的李潭在上海上班,尚不属于重工的一分子,难得的十一假期,他从上海到武汉探亲,但是田小凤却没有时间。十一期间,田小凤在电脑上吃透图纸,研究工艺,李潭就坐在旁边给予照顾和支持,7天的假期,一晃而过,李潭也上了7天班。通过该项目,田小凤新研发了螺旋线小截面景观结构放样及制造技术,该工程荣获全国优秀焊接质量奖。当时的李潭也是在其中看到了重工人团结一致、拼搏为公的精神。

2015年,中铁重工承接了第一座400米跨的跨江桥梁——赣江二桥。面对重工第一次承接跨江桥梁,虽为女同志,田小凤却并未退缩,充分展现了党员冲锋在前的形象,挑起了这个重担。技术难关一个一个啃,在900毫米宽、20多米高的梁上总是能看到她矫健的身影。关键的30小时,她一直待在工地上,从未休息。2018年,田小凤在担任武汉市光谷大道南延线项目书记、总工时,面对光谷大道项目(军运会保障项目)地面下方是2号地铁延长线,地面上方是交通要道、110千瓦的高压线的复杂环境,她通过多点作业,优化工艺,从技术方面尽可能地创造施工条件,创造了月安装9000吨钢箱梁的施工纪录。在这种"5+2""白+黑"的工作状态下，田小凤带领团队在军运会前夕完成了5万吨钢梁建设任务。田小凤说，在工地上作业时，大部分时候就她一个女生，忙起来时，经常几个月不能回家，每当有人问起你家小孩谁管、你家小孩的学习怎么办时，她心里也很是担忧，但是很快就过去了，因为每天繁忙的工作任务让她没有时间思考这些问题。

2021年年底，田小凤转战项目技术和管理工作，兼顾市场开发营销，第一个接触谈判的项目就是白沙洲大道快速化改造工程，工程总量30000吨。白沙洲快速化改造工程是市内首个装配式桥梁工程，总共分为三部分：厂内钢结构制造、梁厂内桥面板一次叠合、现场吊装后二次叠合。工艺新、工期紧，全过程成本控制点多，田小凤利用自己的技术优势，对项目整个过程的风险点、机会点进行分析报价，与中铁大桥局七公司和誉城千里组成的联合体项目部在谈判中从多家竞争对手中脱颖而出，中标该项目。通过这次合作谈判，田小凤与大桥局七公司和誉城千里有限公司都建立了良好的沟通关系，开启了与两家单位的紧密合作之路，紧跟着田小凤就与誉城千里建工有限公司签订了额头湾立交改造工程和两湖隧道合计1.6亿元的合同，且在2022年年底，田小凤又分别与大桥局和誉城千里建工有限公司签订了武汉市长丰桥提升改造工程合同，合计约1.2亿元。在做好项目施工的同时，她还开发了中铁五局、中铁上海局、中冶等单位的项目经营工作。

李潭担任中铁重工有限公司设计研究院院长，是中国施工企业管理协会专家、湖北省钢结构协会专家，国家一级建造师。他主要从事国家铁路、公路、地铁等重型机械产品研发、钢结构桥梁、大型建筑钢结构制造、施工技术研究与应用等方面的工作，先后主持完成武汉大道工程、高新二路九龙大桥工程、武汉江北快速路新河大桥、宁夏银川艾依河大桥、雄楚大道立交工程、常青路跨铁转体桥梁工程、青岛世界博览城工程、武汉东湖国家自主创新示范区有轨电车试验线工程等多个大型重点项目。他主持了多个项目的研发设计，解决了制造和施工过程中的重大技术难题，其成果先后应用于多项工程，取得良好的经济效益和社会效益。参建的工程荣获了詹天佑奖、国家优质工程奖、中国钢结构金奖等奖项。所研发的技术荣获中国铁路工程总公司科学技术奖二等奖、中国施工企业管理协会工程建设科学技术进步奖二等奖等，个人被评为中国钢结构金奖"突出贡献项目经理"。

通过项目，李潭积极搭建研发平台，推动公司技术创新及研发能力建设，将公司技术中心打造成为湖北省省级技术中心、武汉市科技"小巨人"企业、武汉市十大科技创新示范企业、湖北省优秀钢结构企业等。主持完成的专利先后获"中国专利优秀奖"、2019 年湖北省"高价值专利金奖"、第八届湖北省"专利优秀奖"等多项荣誉。

参与国家重点工程、水利部重点引水工程——滇中引水项目，主持完成了倒虹吸压力钢管的智能制造工厂建设，研发了复杂地质条件下大直径压力钢管的安装技术和安装设备。参加川藏线铁路的建设，主持研发适用于低温低压环境的混合动力牵引车，以及川藏铁路 500 米长钢轨铺设工作。

2013 年，李潭担任武汉市高新二路九龙大桥工程项目总工，该项目为单塔双索面斜拉桥，桥梁主体跨越福银高速，桥梁主塔呈马蹄形，钢塔高度 80 米，塔宽 45 米，塔的结构为 3.6 米 ×3.6 米箱型钢结构，且紧邻高速，常规的施工工艺如大型起重设备安装、支架安装等多种方案从经济性、安全性、技术性多方比对，均不能满足要求。两难之时，李潭提出了一种全新的施工思路——转体。经过 3 个月不眠不休的计算、完善，最终创新了一种钢塔整体从平地竖转起的施工工艺，此项施工工艺利用本身的梁作为后锚点，将塔的竖转铰设置在自己的钢塔底部节段上，利用自身进行竖转。另研发了竖向转体变形控制装置、自锚式竖转体系、双向牵引竖转施工装置等一系列关键技术，成为华中最大重量、最大高度的"第一转"。该项技术被评定为国内领先技术，节约经济成本近500万元。

没过多久，他又临危受命，担任常青路高架上跨铁路转体项目负责人。时间紧、任务重，项目技术难度高，现场环境复杂，中心城区常青路主干道车流极大，商铺住宅集中，要跨越特等站汉口火车站11股道，安全风险系数高。且该项工程上部结构全长135.2米，桥面宽51米，转体重量8800吨，长臂端91.4米，短臂端43.8米，两端重量相差3600吨，相比以往的转体施工，此次是世界首例的极不对称、极不平衡、跨越既有线数量最多的施工。在极不平衡的条件下，传统的单球铰牵引式转体由于要在短臂端施加的配重压力过大，超出梁体承受能力，因此无法在此桥使用。为解决这一难题，李潭从海运浮吊工作原理上得到了启发，首创"齿条齿轮式"转体法，采用轨道梁辅助前支撑转体技术，将转体桥与滚动小车连接，转体时，由两台滚动小车在电动机的驱动下沿轨道梁行驶，带动下方齿轮运转，通过齿轮齿条转动带动滚动小车行走，使转体梁转体到位。李潭带领项目部人员成立科技攻关小组、实施攻关小组，制作实物模型，对施工方案通过实物模型进行验证和改进，全面攻克并掌握了极不平衡状态下的辅助支撑转体技术、分幅钢箱梁桥同时转体横向变形控制技术、连续钢箱梁跨越特等客运火车站站场转体施工技术三项关键技术，解决了场地限制、不平衡转体的难题。

从高新二路九龙大桥到常青路转体施工，再到军运会项目杨泗港青菱段斜拉桥施工，李潭在困难面前，敢于直面挑战，一次次技术创新为一次次施工成功提供了强有力的保障。从项目管理到技术干部，他对工艺的创新与应用十分重视，从制造胎架搭设、板单元制造、整节段拼装、运输、施工等各个方面加大发明、创新成果应用，为公司创新创效打好技术保卫战。

夫妻二人在公司党委的精心栽培下，迅速地成长为公司的中流砥柱。他们甘于为技术研发坐冷板凳，在工作中勇于创新，一起斩获各类科技创新成果20余项；发明专利8项，授权2项，受理6项；授权实用新型专利11项。其中主持完成的"斜拉桥钢拱塔双向牵引竖转施工技术"，荣获中国铁路工程总公司科学技术奖二等奖、中国施工企业管理协会工程建设科学技术进步奖二等奖。

李潭主持完成的武汉东湖国家自主创新示范区有轨电车试验线工程荣获中国土木工程詹天佑奖；主持完成的武汉雄楚大道高架工程荣获国家优质工程奖；主持完成的杨泗港快速通道青菱段工程跨铁斜拉桥荣获中国钢结构金奖，个人荣获中国钢结构金奖"突出贡献项目经理"称号；主持完成的贵阳未来方舟南明河桥梁工程荣获中国工程建设焊接协会全国优秀焊接工程；主持完成的"大曲率半径桥梁拖拉施工技术""大型场馆管桁架屋盖制造与安装技术"荣获中铁高新工业股份有限公司科学技术奖二等奖；主持完成了"斜拉桥钢拱塔双向牵引竖转施工技术""空间发散多边形变截面独拱景观钢桥建造技术""高强度铸钢在景观钢桥主体结构中的应用"等10余项科技成果技术，与团队一起研发核心技术取得专利60项，完成中国中铁股份有限公司及中铁高新工业股份有限公司科技成果评审课题2项，被中铁工业评审为国际先进水平，被中国中铁网评为国内领先水平，为公司积累了钢结构桥梁、大型展馆钢结构、景观钢结构等制造及施工经验。多项成果荣获中国铁路工程总公司、中铁高新工业股份有限公司、中国施工企业管理协会等科学技术奖。李潭作为主要参与者正在完成股份公司重大专项课题"滇中引水工程建造关键技术研究""桥梁智能建造技术和装备"。

他们夫妻，一人在企业深化改革和践行"三个转变"之际，带领团队用技术创新夯实重工桥梁钢结构的发展之基；一人用自己的技术优势在经营战线和项目一线施工战线上发光发热。面对日新月异的挑战，如何树立重工的口碑与形象，如何赢得甲方长期的认可与合作，田小凤作出了很多努力，目前公司与武汉誉城千里、大桥局七公司、武汉市政、中铁五局、中铁上海局等单位都建立了良好的合作伙伴关系。同时，田小凤兼顾市场开发、生产经营、回款、党建等工作，她的成长有目共睹。

廉洁奉公强　　重示范作表率

田小凤、李潭夫妻二人长时间坚守在施工、技术一线，尽管相处时间不多，但是在有限的时间里，夫妻双方总是相互理解、相互支持，从无怨言。作为职工，他们两个人在工作中立足岗位，干一行爱一行。在生活中，他们深刻地认识到自身对子女抚养和教育的职责，他们把爱建立在科学和理性的基础上，把对子女的爱和感情同培养他们的人生观、价值观和科学文化知识教育结合起来，讲究方法，注重技巧。他们还创新了一套指导孩子自律的办法，把工作中签订合同的承诺搬进了生活和学习，一起与孩子签订承诺书，做好列项，每日由小朋友自己对照检查完成，教育孩子做人、学习、生活的规矩。

叶圣陶先生说："什么是教育？就是培养良好的习惯。"他们家把读书学习作为传家宝，夫妻二人都是一级建造师，他们孩子最大的爱好就是去图书馆或者书店。不到八岁的小朋友，四大名著却已是日常读物。

他们对家庭的愧疚很多很多。他们是儿女、是父母，但是也是企业的一分子，是国家的一分子，角色很多，责任更多。在他们共同前进的路上，他们的父母给予了很大的支持。对于国家，他们的爱国情怀坚定，他们说："国家培养我们大学生，我们应当担起为国建设的重任，哪怕是做小事，况且对比那些边防战士、铁路建设者、援藏援疆的兄弟姐妹们，我们已经很幸福了。"对于企业，他们说："重工这个大家庭，我们来的时候，虽然状况一般，但是老一辈重工人给我们的温暖和信念让我们觉得重工一定会有未来，我们有埋头干事、一心为企的舒伟浩总经理带领，有周围这么多铆足劲、敢担当、愿吃苦、乐奉献的同人，我们愿意与重工一起共创未来。"对于孩子，他们夫妻二人工作忙，加班是常态，孩子的教育和陪伴是难题，相互的理解和支持就显得相当重要。只要一方稍有空余时间，就一定会为对方分担。他们的女儿很爱看书，只要晚上下班回家女儿还没睡，他们都会陪女儿读会儿书。周末工作忙的时候，为了能兼顾工作和家庭，会带女儿去图书馆，女儿看书，他们就在旁边电脑办公，有时一直要待到图书馆关门。这些年，他们陪伴女儿的时间不多，女儿去游乐园、去公园的机会也很少，基本都是一两个月才能去一次公园，一年去一两次游乐园。尽管如此，他们也尽最大可能给孩子一个难忘的童年。在

田小凤一家三口

女儿三岁的时候，每天与父母一起加班，坐在爸爸妈妈的旁边，看着他们电脑上快速舞动的线条，女儿觉得爸爸妈妈像一个魔术师。有时候工地不忙或者节假日的时候，女儿会去工地看看爸爸妈妈，宽慰一下彼此思念的心。走在工地边上，他们给女儿讲述这座桥梁的意义，让女儿体验他们的工作环境，也让女儿多了一份对父母的理解和敬佩。让女儿看建设者在夏天40℃的高温下工作，培养女儿的同理心，让她看看爸爸或者妈妈建设的桥梁。女儿的眼神里尽是崇拜，那一刻，她忘却了很多个没有爸爸妈妈陪伴的日子，忘却了每次爸爸妈妈要出差、她抱着腿不让他们走的日子。受爸爸妈妈的影响，女儿喜欢问什么是党员，怎样才能成为一名合格的党员，在电视上或路上看到国旗、听到国歌，都会默默地敬礼。在爸爸妈妈潜移默化的影响下，女儿在学校积极向上，努力学习更多知识，希望自己以后也能用更加先进的知识去建桥铺路。女儿在爸爸妈妈的影响下耳濡目染，一颗爱党爱国、敢打敢拼、精益求精、敬业奉献的种子默默生根发芽、开花结果。

夫妻双方是中铁重工技术与管理相融合的复合型人才，忠于企业、爱岗敬业、精于业务、无私奉献，舍小家为大家，为技术研发甘于坐冷板凳，为公司的发展及企业的经济效益作出了突出贡献，他们是新时代党员干部的杰出代表。

十年蝶变，是企业发展和个人成长的双向奔赴；十年蝶变，是业务向新和企业新生的双向奔赴；十年蝶变，是个人和企业站起来、走出去、强起来的双向奔赴。道阻且长，行则将至；行而不辍，未来可期。他们两个人的故事代表了我们新时代中国每个普通又不平凡家庭的奋斗故事，这些故事仍在继续。家与企、与国，双向奔赴，是江河入海的心之所系，也是海纳百川的情之所归，未来有我，有我们，生而逢盛世，青年当有为。

匠心铸"刀"追梦人

——廉能：中铁装备芦海俊家庭

他们锐意进取、攻坚克难，争当岗位领头羊；他们奋勇争先、独当一面，是岗位上的中流砥柱，在各自的领域中取得骄人的成绩；他们克己自律、涵养清风，以实际行动践行企业"六廉"文化理念，永葆共产党人清正廉洁的政治本色。他们就是中铁装备"廉能"家庭——中铁装备公司刀具事业部技术研发工程师芦海俊家庭。

肯吃苦　勇担当　潜心钻研刀具

芦海俊，1990年12月出生于河南方城，硕士研究生，2009年6月28日加入中国共产党，2017年入职中铁装备设备公司，长期从事盾构机/TBM刀具事业创新研制工作。芦海俊拥有一个幸福美满的家庭，家里有妻子张贞和一岁半的儿子。他们夫妻二人在工作上能担当、善作为，在思想和行动上与"六廉"要求保持高度一致，时刻坚持清正廉洁，他们相互支持、相敬相爱、共同进步，取得了事业、家庭的双丰收。

刀具是盾构机/TBM的"牙齿"，是盾构机/TBM掘进破岩的关键部件，每天都在与坚硬的岩石、泥泞的砂石土粒战斗，这就要求它必须具备"硬核耐磨"的实力。通过多年发展，中铁装备成为世界最大的掘进机研发制造企业之一，为实现企业全产业链发展，中铁装备在奠定了盾构机领域领军地位的同时，也不断推进刀具的研发创新工作。借助这个契机，芦海俊加入了中铁装备的大家庭。

芦海俊进入中铁装备设备公司之前，从事的是石油炼化设备制造工作。踏入中铁装备设备公司之后，他进入了一个全新的制造行业，除了知道盾构刀具是盾构机用来开挖的部件外，对于其他方面一无所知。但他毫不沮丧，积极主动向前辈、同事学习请教，一点点地钻研刀具图纸，自费购买刀具资料进行学习，时常趴在电脑上上网查看刀具资料，稍有空闲就跑进车间，跟车间刀具师傅学习刀具的制作装配，逐渐明白了刀具每个部件的名称、装配作用以及使用性能要求，为后期工作的开展储备了大量知识。

中铁装备设备公司刚开始制造盾构刀具产品时，只能进行滚刀装配和软土刀具钎焊，且刀具产量不是很高。其中，滚刀的热处理工序是由委外热处理完成的，外协厂家将核心的热处理工艺掌握在自己手中，在热处理过程中对工艺控制又不够严格，导致了热处理后刀圈的硬度等性能波动很大，刀具制造成本也很高。为改变这种被动局面，公司领导安排芦海俊和他的同事去热处理外协厂家进行监造。当时，荥阳热处理外协厂家坐落于偏僻的村庄里，在驻厂监造期间，芦海俊每天顶着炎炎烈日，步行三四千米往返于热处理厂家和住所之间。每次热处理开炉时，车间内温度就会急速增高，让人烘热不适且汗流浃背，但他毫不言苦，仍待在热处理现场跟进刀圈热处理全过程，认真仔细地记录下所有的时间和参数，不断纠正刀圈热处理工艺，解决了刀具热处理问题。有了这段时间驻厂监造的热处理经验，芦海俊通过精心钻研热处理工艺，彻底掌握了刀圈热处理工艺，明白了实际操作过程中工艺参数调整与原定的工艺之间的差别，发现了外协厂家热处理设备导致刀圈变形的原因及规律，并有针对性地对刀圈粗加工图纸进行了改进，确保了刀圈后期的使用性能，同时也为后期公司热处理炉的投产积累了热处理工艺经验。

经过一年多的磨炼，芦海俊的工作逐步走上正轨，就在那时，他结识了妻子张贞。刚开始时，张贞总是对他频繁出差不理解："你作为一名技术人员，怎么总出差，总往施工现场和外协厂家跑呢？自从咱俩认识到现在，见面的次数都不多。"芦海俊就认真地跟她说明刀具制造和使用过程对技术工作提升的重要性，如果不充分掌握现场的数据资料，就没法做好自己的技术工作。经过多次解释沟通，妻子张贞的态度由开始的不理解转变为充分支持。

完成刀圈热处理的研究和改善后，在个别使用项目上，刀具仍存在刀轴断裂等异常失效问题，影响公司产品的口碑。在公司领导的安排下，芦海俊和他的同事对断裂刀具的刀轴、端盖等部件进行检测，确定刀轴断裂的原因后，先后根据部件使用性能要求，修订了刀具部件质量控制工艺，并与外协厂家签订了滚刀锻件原材料、热处理等技术协议，有效控制了公司滚刀部件的质量。

随着刀具市场的不断打开，中铁装备刀具销售额连年翻番增长，但因从事刀具制造的时间较晚，导致中铁装备在部分项目中刀具使用性能仍不如其他刀具厂家。当时，新疆EH项目有近20台TBM进行施工，隧道总长达数百千米，刀具消耗量大，市场总量大，这对中铁装备设备公司能否成功进入TBM刀具市场具有重要意义。

面临新挑战、新任务，芦海俊所在的刀具研发团队没有退缩，他们扛使命、勇担当，在守正中创新，在创新中守正，聚焦突出矛盾，破解现实刀具难题。在项目试刀过程中，中铁装备设备公司刀具使用寿命与其他厂家刀具相比有明显差距，芦海俊在设备公司刀具事业部总工尚勇等前辈的带领下，与同事一起开始了高耐磨刀圈材料的研发工作。在刀圈材料研发过程中，芦海俊主动对接河冶特钢、中原特钢等钢厂，筛选出高性能的模具钢材料并开展热处理工艺研究。为更准确地掌握新研发刀圈材料的使用性能，他深入隧道施工现场一线，前往深圳地铁项目、新疆EH项目等工地，不顾六七十摄氏度的高温及弥漫的粉尘，进入刀盘内测量记录刀具的磨损量及使用形貌，掌握新型刀圈材料的第一手使用资料，用实际行动推动刀圈材料的优化改进

芦海俊（左）与同事沟通工作

工作。妻子张贞总是在芦海俊背后鼓励他："到了新领域，只要肯学习、肯奋斗、肯流汗，积极钻研，兢兢业业工作，秉持初心，清廉干练，你就会有收获。"

辛苦的付出总能得到回报，最终在刀具研发团队的共同努力下，成功完成了高耐磨刀圈材料的研发，并在新疆EH项目中铁十六局的试刀过程中，一举夺得试刀第一名的好成绩。借助新研制出的滚刀优异的使用性能，中铁装备设备公司先后拿下了中铁十八局、水电三局、水电六局、山西供水局等EH工程多个项目的TBM滚刀供应合同，提升了中铁装备设备公司在TBM滚刀市场的份额及口碑。

2018—2019年期间，中铁装备设备公司制造的滚刀主要为光面滚刀，但在当时的盾构刀具市场中，镶齿滚刀因其优异的耐磨性，在盾构施工项目中的应用越来越广泛。2019年年初，中铁装备设备公司签订了两盘镶齿滚刀的订单，当时公司无成熟的镶齿刀圈制造工艺，就委托外协厂家进行镶齿刀圈的制造。在第一盘镶齿刀圈制造过程中，外协厂家压装合金齿时，刀圈频繁出现断裂现象，外协厂家虽频繁调整制造工艺，但仍无法避免开裂现象，严重影响了交付工期，增加了制造成本。为尽早解决这一问题，公司领导安排芦海俊、王笠前往外协厂家解决。到达外协厂家后，他们马不停蹄地开展制造过程跟踪，与外协厂家车间人员交流制造细节，并认真观察开裂刀圈的失效形貌。当时，外协厂家的技术人员认为刀圈基体材质为H13钢，其硬度高、韧性差，镶齿时过盈装配产生的内应力过大，才导致开裂。但芦海俊通过细心观察和分析，提出了不同的观点，他认为熔覆耐磨层时熔覆应力拉伤了基体才是导致刀圈开裂的主要原因。随后，他们直接取样进行金相组织分析试验，观察到有裂纹从熔覆层延伸至刀圈基体，这就充分地验证了芦海俊提出的观点是正确的,也说服了持有怀疑态度的外协厂家技术人员。随后,芦海俊和王笠制定了线切割扫除刀圈表层裂纹区域的工艺(协议),之后压齿时刀圈再无开裂现象发生,就此有效解决了相关问题,保证了订单的如期交货。

这次出差,芦海俊和同事解决了外协厂家的大难题,厂家在他们返回公司前,拿出了价值数百元的纪念币送给他们以示感谢。但长期接受企业廉洁警示教育,让他们毫不犹豫地将礼品退还,并表示:"这次不仅解决了你们的难题,也解决了我们公司不能如期交货的问题,同时我们也掌握了镶齿刀圈制造过程中的风险点,大家是双赢,不用客气。您送我们东西是让我们犯错呀,哈哈。"之后,外协厂家的负责人对芦海俊他们廉洁从业的思想和行为深表赞赏,赞叹中铁装备设备公司的廉洁文化为企业之间互利共赢的战略合作提供了纪律保障。

芦海俊常常深入车间,与车间生产工人一起解决刀具装配制造过程中的各类问题。中铁装备设备公司研制了世界首条滚刀自动装配检测生产线,显著提高了滚刀装配质量及装配效率,实现了滚刀装配制造技术的升级换代。但生产线投产初期,装配的滚刀在个别项目出现了刀圈断裂现象,经综合分析,主要原因是自动生产线焊接挡环时焊瘤流到刀圈上,导致该部位应力增大,极易开裂。为解决该问题,芦海俊与车间同事一起对滚刀自动装配检测生产线挡环焊接工位进行改进,优化挡环焊接程序,调整焊丝选材,改进挡环结构,以此提高其隔热防流效果。经过不懈努力,成功解决了挡环高强度焊接中焊瘤落刀圈和刀圈因挡环焊接而开裂的问题,滚刀自动装配生产线的滚刀生产质量得到了进一步提高。

能作为　善创新　提升刀具品质

"守正"与"创新"二者相辅相成、辩证统一，坚持"守正"，"创新"才有正确方向；不断"创新"，"守正"才能固本强基。"守正创新"引导着我们广大党员干部在守正中创新、在创新中守正，更要求我们党员干部具备"廉善、廉能、廉敬、廉正、廉法、廉辨"六种品质，坚持初心"廉"不改变，廉洁自律、廉洁从业，为公司产品品质提升而奋勇争先。中铁装备不但在产品研发创新领域保持领先地位，也在习近平总书记"三个转变"的重要指示下，积极开展"六廉"文化建设，使企业员工在工作能力和思想上共同提升。

作为刀具技术研发人员，更是作为一名共产党员，芦海俊将自己所学的专业知识与刀具研发工作紧密结合起来，攻坚克难，勇当先锋，不断研发刀具新制造工艺及改进措施，提高刀具的使用性能。

当时，委外制造的镶齿刀圈丰富了中铁装备设备公司刀具产品的种类，拓展了中铁装备设备公司在地铁项目刀具市场中的份额，但也使中铁装备设备公司刀具产品的制造成本更高，制作工期受制于他人。在广州地铁12号线、大连地铁5号线等多个项目中，因委外制造的镶齿滚刀熔覆层耐磨性较差，使用寿命明显低于其他刀具厂家的产品。特别是在广州地铁12号线项目上，施工项目经理对在现场分析失效原因的芦海俊说："你们中铁装备作为国企，没想到刀具的使用性能还不如私企呀！"施工项目经理的话虽然刺耳，但也是实话，这话深深地刺痛了芦海俊的心。

为解决镶齿滚刀质量差的难题，中铁装备设备公司将"镶齿滚刀关键制造技术及应用"立项为科研项目，对镶齿滚刀制造过程中的关键技术进行攻关，以实现自主掌握高性能镶齿滚刀的制造技术，提升刀具产品的质量。在科研项目开展过程中，芦海俊主要负责镶齿刀圈熔覆层制备技术研究。在镶齿刀圈研发过程中，高性能耐磨层研发是项目的重点之一，他结合公司刀具产品使用要求，认真分析现有熔覆层的优缺点，确定了陶瓷相熔覆层耐磨机理，依托耐磨机理对不同厂家提供的工艺及粉材进行筛选优化。为掌握新研制的熔覆层使用效果，他先后前往洛阳"引故入新"、广州地铁12号线、重庆地铁15号线等施工项目，分析不同岩性地层中镶齿滚刀的磨损形貌及使用数据，确定熔覆层与地质的匹配性，不断优化熔覆层，最终实现高性能陶瓷增强耐磨层的自主敷焊，提升了刀具的品质。新型熔覆层耐磨粒的磨损性能相比原外协厂家产品提高了一倍以上，且成本相比外协厂家报价降低近50%，实现了镶齿刀圈的降本增效，也增强了公司镶齿滚刀的市场竞争力。通过中铁装备设备公司刀具研发团队成员的科研攻关，公司掌握了镶齿滚刀全流程的制造工艺，并在大连地铁5号线、天目山隧道、杭州机场快线等项目中展现了优异的使用性能。

为实现熔覆层的自主制备，中铁装备设备公司采购了等离子熔覆设备，芦海俊又积极参与到等离子设备指标制定、采购调试、进厂安装等工作中，连续半个月与厂家、车间人员一起进行设备调试。他不顾等离子熔覆过程中强弧光照射导致的皮肤脱皮和眼睛红肿，始终积极推进等离子设备快速调试并投入使用。

在刀具制造生产中，芦海俊持续进行耐磨层粉材筛选工作，在保证性能不变的前提下，将成本高的镍基粉材替换为性价比更高的铁基陶瓷相粉材，使镶齿刀熔覆层工序的成本降低至原来的1/3，更好地提高了熔覆层的地质适应性，也降低了镶齿刀制造成本。

在大直径常压刀盘盾构机掘进过程中，刀盘上的外刀筒因内刀筒反复抽拉，导致外刀筒内壁磨损严重，因此设计人员在外刀筒内壁设计了一层耐磨层，但该耐磨层要求厚度大、宽度宽且不能有裂纹的存在，制造难度大，无现成的制造工艺可用。为解决该问题，盾构公司联系了设备公司进行工艺试验，由芦海俊负责开展相关试验。他认真研究了刀筒耐磨层的设计指标，筛选出满足相关性能要求的粉材，随后开展相关等离子熔覆试验。在试验开展过程中，频繁出现耐磨层性能虽达标但个别地方有开裂的现象。在一个多月的时间内，试验一直不理想，陷入停滞，无任何进展。但他仍不放弃，查阅文献资料，不断优化熔覆粉末材质和预处理工艺，经过数十次等离子焊接试验，最终完成大面积、大厚度且无裂纹耐磨层的制备，硬度检测及探伤结果均达到了设计指标，满足了大直径外刀筒内壁对耐磨性和保压性能的使用要求。

新刀具开发的道路并不都是一帆风顺的。2021年，中铁装备设备公司中标了成都地铁27号线10台盾构机的刀具供应订单，为满足该项目长距离掘进的使用要求，中铁装备设备公司首次在施工项目中批量应用外协制造的激光熔覆复合滚刀。可就在前两台盾构机始发后，部分激光熔覆滚刀出现了刀圈开裂的现象，给中铁装备设备公司造成了极大的被动。为解决该项目造成的影响，芦海俊一方面连续数天钻进盾构机中跟进项目刀具的使用情况，为该项目制订刀具更换计划，降低刀圈开裂带来的不利影响；另一方面与两家外协厂家进行沟通，分析开裂原因，最终确定熔覆过程中残余应力未进行外圈消除，导致过盈装配后刀圈因应力过大才是主要的开裂原因，经与外协厂家沟通，修订了后期激光熔覆刀圈制造工艺，保证了后续产品的使用性能。此次因外协激光熔覆刀圈制造工艺问题产生的刀具产品质量问题，让芦海俊深刻认识到新产品研发过程中稍有不慎就会造成严重影响，也让他更加深刻地认识到关键制造技术必须掌握在自己公司手中，不能完全依靠外部力量进行核心产品的开发，如此才可避免后期卡脖子问题和质量无法把控的问题产生。为保证刀具使用性能的领先地位，芦海俊所在的刀具研发团队总结激光熔覆刀圈制造工艺，并完成了"高性能激光熔覆滚刀制造工艺研究"科研项目的立项，为公司刀具事业的发展和核心技术的开发不断贡献自己的力量。

科研道路上脚步是不能停歇的。芦海俊先后完成了新型便携式滚刀磨损检测仪设计及检测方法制定、坚硬岩地层镶齿滚刀合金齿形设计及刀圈基体选型等多项科研工作，先后承担及参与"盾构机/TBM滚刀地质适应性研究""便携式滚刀磨损检测仪""镶齿滚刀关键技术研究及应用""掘进机高耐磨材料研究及应用"等近20项科研项目，已获批专利近20项。他还负责刀具产品相关科研项目的科研成果汇总整理及报奖材料的撰写申报工作。在河南省科技进步奖申报过程中，报奖材料内容繁多，对撰写材料质量的要求很高，并且要求的时间紧。在第一次申报省部级重大奖项时，为确保科研成果的报奖成功，他在近一个月的时间内每天工作十几个小时，不断撰写、完善报奖材料，最终实现了中铁装备设备公司河南省科技进步奖零的突破。他所在的刀具技术研发团队先后荣获中国铁路工程总公司科学技术一等奖、中铁工业科技进步一等奖、河南省科学技术进步二等奖、中国交通运输协会科技进步二等奖、中国施工企业管理协会科技进步二等奖等诸多科技类奖项。

"我们一直秉持着'专业制造、专业服务'的理念，持续深耕刀具研发制造智能化、精益化，致力于提升刀具产品品质，现已建立了世界首条全自动刀具生产线，被河南省认定为首批智能制造车间，实现了滚刀装配检测自动化，确保了滚刀批量生产的质量稳定性，大大提高了生产效率。"芦海俊介绍说，"我们还引进了国际最先进的 IPSEN 热处理设备，在炉温均匀性、高温区加热效率、温控的准确性及各元器件的稳定性等方面都处于国际领先地位。建立了世界首条盾构合金刀具钎焊生产线，实现了气体保护下自动钎焊，使钎焊强度提高 30% 以上，合金刀具质量更加优异稳定。"中铁装备拥有独立的金属材料实验室和岩土力学实验室，对刀具性能与岩石岩性匹配性关系进行了深入研究，根据不同项目的地质参数，有针对性地进行了刀具工艺优化和结构改进，保证了刀具的地质适应性。芦海俊所在的刀具团队始终在技术优化提升的道路上深耕，不断探索新技术、新材料、新工艺。如今，中铁装备设备公司已拥有强大全面的刀具数据库，可记录刀具全生命周期的制造数据和使用数据，保证刀具产品的质量可追溯。基于神经网络算法，建立地质参数与刀具消耗的关系模型，为以后不同地质施工项目推荐刀具配置方案及刀具消耗成本预测。中铁装备刀具数据库的建立，大大提升了刀具研制和使用的智能化水平，使隧道施工项目的刀具使用更得心应手，可以直接根据项目地质信息指导项目用什么种类的刀具、用多少刀具，有效避免项目盲目施工。

通过芦海俊所在的刀具研发团队的潜心创新研发，从最初的刀具产品依赖协作厂商、质量不可控、备受市场诟病，到潜心技术革新和研发创新，中铁装备已成为盾构机 /TBM 刀具的领军企业。目前，中铁装备刀具产品包括中心双联滚刀、单刃滚刀、镶齿滚刀、激光熔覆复合滚刀、边刮刀、刮渣板、刮刀等，性能优异、稳定可靠，这就是匠心铸刀追梦人不懈努力的成果。

业务精　能力强　专业服务赢口碑

中铁装备设备公司的服务理念是为客户提供跟踪式的全方位管家服务，因此在工地现场建立了维修服务站，保障刀具的安全高效应用。

芦海俊经常出差前往各个项目，结合施工现场情况，配合售后同事跟进刀具的使用情况，及时优化解决现场问题。公司TBM滚刀产品在新疆EH多个项目应用，其中在水电三局项目中因TBM刀盘喷水不足，掘进过程中滚刀所承受的温度超过100℃，滚刀浮动密封在高温下很快就失去弹性而无法保证密封效果，进而导致滚刀频繁漏油偏磨。该项目滚刀的异常失效超过30%，导致该项目刀具成本不断攀升，且严重影响项目掘进进度。芦海俊和售后同事赶紧前往现场查看情况，经多次调整、优化改进措施，最终确定了最合理的TBM喷水管路改造方案。在出差期间，芦海俊常在下班后，到项目部旁边的小荒山上与家人视频，妻子的鼓励和孩子的笑容使他工作的劳累一扫而光，也成了他继续全身心投入工作中的最大动力。他和售后同事连续多天在隧道内部进行喷水管路的改造，每天在隧道内工作10余个小时，最后成功完成改造，保证了掘进过程中刀盘部位的喷水量，解决了刀具高温问题。

2019年，中铁装备设备公司供应的初装滚刀在大连地铁5号线5标使用过程中，掘进至溶洞地层时频繁出现刀圈断裂现象，负责施工的厂家要求公司前往现场解决问题，并提出索赔要求。为解决该问题，芦海俊与营销同事陈龙一起前往客户项目现场，在与客户项目经理交流过程中，他详细阐述了滚刀破岩机理、刀圈材质性能、掘进参数对刀具使用性能的影响等，使客户项目经理也充分认识到项目的使用效

芦海俊一家三口

果是由刀具性能、地层岩性及掘进参数等多方面影响共同决定的,促成对方放弃了索赔要求。经共同讨论研究,芦海俊依托自己前期进行的刀圈热处理试验结果的经验,提出了通过降低刀圈硬度、提高刀圈韧性的方法,从而提高刀圈在溶洞地层的抗冲击性能,得到了客户项目领导的认同,并获得了一批新的刀具采购订单。返回公司后,他把高韧刀圈的热处理工艺进一步修订完善,推动了高韧刀圈在溶洞等高冲击地层的成功应用。

2020年的国庆节也是中秋节,前一天中午,刀具事业部突然接到通知,贵阳地铁3号线某项目盾构机中心滚刀异常失效,掘进过程中刀具脱落导致盾构机刀盘被磨穿,项目施工方被迫停机,造成较大的经济损失。当时施工方要求盾构机制造厂家及刀具厂家前往项目现场分析失效原因。当时,芦海俊与妻子张贞已买好了回家的车票,他们因频繁出差长期未见面,安排了假期出游,接到工作要求后,芦海俊对妻子感到很抱歉,妻子却说:"工作的事情更重要,你去解决问题,回来后咱们再一起过假期。"有了妻子的理解和支持,芦海俊放心地退掉回家的车票,与同事一起立即赶往贵阳项目现场。到达项目现场后,他又马不停蹄地进入盾构机内部,观察刀盘磨损形貌,最后结合异常失效滚刀的状况及盾构机掘进参数,确定了该项目中心刀异常失效的原因,顺利完成了异常失效刀具的责任划分工作。随后,他又撰写了施工项目现场刀具检查管理制度文件,开展了施工过程中刀具管理的培训工作,为后期项目施工顺利进行做好保障。

2021年下半年,杭州地铁19号线文沈西区间即将开工,但施工方中铁十局对初装滚刀的选取迟迟未作决定,于是公司领导安排芦海俊配合营销同事前往施工项目部,与客户深入交流刀具技术问题。针对该项目存在长距离软岩掘进和高强度基岩凸起的地质条件，芦海俊推荐施工项目部采用中铁装备设备公司最新研发的重型鞍形镶齿滚刀，但施工项目部对镶齿滚刀能否顺利通过高强度基岩凸起段心存疑虑。芦海俊为施工项目经理详细地讲解公司新设计的鞍形镶齿滚刀与常规滚刀相比的改进之处和优点，并结合在中南大学进行的镶齿滚刀破硬岩试验出的翔实数据，彻底打消了施工项目经理的疑虑，最终施工项目经理确定4台盾构机均采用中铁装备设备公司重型鞍形镶齿滚刀。2022年4月，4台盾构机均顺利完成长距离区间的施工，实现了初装滚刀一次性贯通，无任何偏磨、断裂等异常失效，得到施工方的高度好评，实现了中铁装备设备公司重型鞍形镶齿滚刀在高强基岩地层的成功应用。

芦海俊工作上取得诸多进展，离不开妻子张贞的付出。结婚三年多来，芦海俊三分之一以上的时间都在出差，在工作上的付出越多，照顾家庭的时间就越少，妻子张贞身上的担子也就越重。特别是2021年孩子出生后，为了让芦海俊更放心地工作，张贞总是将家打理得井井有条，就算是孩子生病时也是她一个人带着看病、照料，从未抱怨过。

家庭之于廉洁犹如土地之于甘露，有了甘露滋润的土地才能焕发生机，被污水浸泡的土地只能寸草不生。芦海俊不仅是刀具研发能手，能担起刀具研发的责任，更是用自己的实际行动践行企业"六廉"文化理念，传播"六廉"文化。他的妻子张贞说："他经常在我面前说起、谈论起企业'六廉'文化，从一副廉洁春联、一个廉洁杯，到他书写一段廉洁寄语、一封廉洁家书，再到与他一起观看电视《零容忍》、观看'六廉'典型人物视频以及学习《企廉》图书，以及公司廉洁文化宣传微信公众新闻上发布的'六廉'文创产品和丰富的'六廉'文化建设活动,我深深地感受到了公司浓厚的'六廉'廉洁文化氛围。作为他的家人,我要成为他后方的坚强后盾,当好'廉内助',常吹家庭'廉洁风',常念家庭'廉洁经',筑牢家庭拒腐防变的堤坝,树立廉洁家庭的良好形象。"

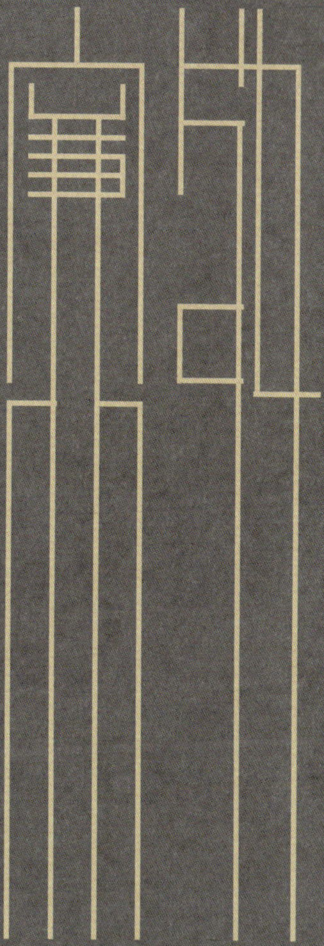

焊花作媒　比翼双飞

——廉敬：中铁九桥刘青家庭

一把焊枪、一个面罩，一次选择、一生坚守。她，就像钢铁上傲然绽放的一朵"焊花"，坚守一线焊接岗位十八载，40多座知名桥梁、近7万米焊缝、99%以上的优良率是她播洒汗水结出的累累硕果；1项国家级荣誉、5项省部级荣誉、3项中国中铁荣誉是她辛苦耕耘取得的不斐成绩。他们因焊花结缘，在6000多个日日夜夜里并肩前行；以焊花作媒，在十八载风风雨雨中比翼双飞。

位于匡庐山麓、鄱湖之滨的中铁工业旗下中铁九桥工程有限公司，有这样一对夫妻——

她是一位"85后"，身材娇小，河南人，有着南方姑娘的那种眉清目秀，也不失北方姑娘的爽朗活泼；他是一位"75后"，土生土长的江西人，留着短寸头，朴实无华，性格中带着几分腼腆。

她是一位电焊工，从业十八载，入党7年，先后参与40多个国内知名桥梁的焊接项目，累计完成焊缝长度近7万米，优良率达到99%以上，获1项国家级荣誉、5项省部级荣誉、3项中国中铁荣誉、3项市级荣誉等，是业内闻名的"免检焊工"，跻身我国桥梁战线首支女子电焊突击队的队长；他也是一位电焊工，从业25年，入党4年，先后参与

50多座桥梁的焊接攻关,获1项省级荣誉、1项市级荣誉等,是中铁九桥难得的技能型人才。

他们是刘青、吴海辉。从相识相知相恋再到步入婚姻殿堂,携手共建幸福的小家,他们在与焊花为伍的6000多个日日夜夜里风雨同舟、并肩前行,在焊花中结缘,也在焊花中成长。焊花见证了他们的爱情,也成就了他们的姻缘。

2019年9月25日,由中共九江市委、九江市人民政府主办,中铁九桥协办的第一届"才汇九江"暨全市产业工人焊接技能竞赛在中铁九桥落下帷幕,来自九江市各行各业的28名选手同场竞技。刘青、吴海辉分别获得了第二名、第三名的好成绩。一时间,刘青和吴海辉"最

刘青和她丈夫吴海辉在第一届"才汇九江"暨全市产业工人焊接技能竞赛中分别获第二名、第三名的成绩

强夫妻档携手,共创佳绩"的故事成为中铁九桥的一段佳话。

每当谈起他们的故事,刘青的嘴角便会不自觉地上扬,仿佛从她明亮的眼眸中能读出他们携手奋斗、比翼双飞的甜蜜……

焊花作媒　追梦无悔

52年前,中铁九桥因修建九江长江大桥而扎根在了江西这片土地上。半个世纪以来,中铁九桥攻克一个个难关,创造一个个奇迹,努力践行交通强国、工业报国的使命担当,成为一家集钢梁制安、桥梁施工、桥机研制、科技检测、交通科技于一体,有着桥梁建造产业链特色的国家高新技术企业,为钢桥制造架设综合服务国家队。参建的1000多座横跨江河湖海、屹立崇山峻岭的国内外著名钢结构桥梁离不开电焊工人的艰辛付出,其中就包括刘青、吴海辉这对夫妻。

戴着乌黑的口罩,穿着帆布工作服,戴着几乎盖过半张脸的安全帽,手上一双皮手套,脚穿绝缘胶鞋,无论是严寒还是酷暑,整日与钢铁为伍,穿梭于各类机械设备之间,在外人看来,这是一份与女性不沾边的工作,但就是这样的工作,刘青已经干了18年。

这18年,是她在焊接过程中实现人生价值的18年,也是收获爱情、与丈夫相濡以沫的18年。

1987年出生于农村家庭的刘青,2003年考入武汉铁路桥梁技工学校,学的是铆焊专业。谈起当初与焊接结缘,刘青说:"当时国家缺少铆焊方面的人才,所以我就学了铆焊专业。"

2005年,她从技校毕业后怀着独自闯出一片天地、干出一番事业的理想,只身来到了中铁九桥,成了一名普通的电焊工。那一年,她只有 18 岁。

电焊工作又脏又累,很多男同志都不愿意去干,可她却偏偏选择了这条道路。刘青被分配到中铁九桥二分厂(现九江公司),当时厂里有 3 个电焊工班,机缘巧合,刘青被分到吴海辉所在的二班。从那时起,两个人便成了搭档。初来乍到的刘青遇到问题时便向已有几年工作经验的吴海辉请教,每次吴海辉都会耐心地替她答疑解惑。于是,在寒风凛冽的清晨、烈日当空的正午、微风带雨的黄昏,总有他们一起焊接、讨论的身影。渐渐地,两个人在电焊作业中培养出了默契,常常有聊不完的话题,在焊花中,两个人的感情也逐渐升温。由于自身吃苦耐劳,加上爱情的滋润,巨大的工作强度和压力都不曾压弯这个女子的脊梁。

2007 年 10 月,刘青与吴海辉携手步入婚姻的殿堂。当谈到对"另一半"的选择时,刘青微微一笑:"他焊的焊缝很漂亮,对待工作特别认真负责,当时就是被他敬业的态度所吸引,从他身上学到的'干一行就要爱一行'的精神也成为我坚持电焊事业的动力。"

自结婚以来,他们携手参加的电焊比赛不计其数,获得的荣誉证书成为夫妻二人共同成长的结晶。别人家夫妻下班都是讨论柴米油盐等生活琐事,而他们谈论最多的却是电焊方法。电焊成了他们两个人生活中不可或缺的一部分。

每次参加电焊比赛前,他们都会利用晚饭时间下料,反复练习各类焊接方法,共同进行实操训练,在专业技术上你追我赶。针对理论知识部分,两个人常常采用一问一答的形式,互相提问,既有利于加深记忆,也能够缓解枯燥无味。比赛后,他们都会坐下来以写心得的形式记录比赛中的一些经验和感悟。写心得的本子越来越厚,成了他们二人的感情纪念册，练习中留下的青紫色烫伤也成了他们爱情的印记。

2016年6月，为进一步提升自己，刘青顶着灼灼烈日，在怀孕刚3个月的情况下，克服常人难以想象的困难，乘坐火车去南昌考取特殊工种焊接作业证。2017年5月，孩子出生3个多月的时候，恰逢中国中铁电焊工技能比武，当时她还在家里休产假。为了给公司赢得荣誉，还处于哺乳期的刘青主动要求参加培训。作为丈夫，吴海辉虽然担心、心疼妻子，但也理解妻子所作的每一个决定，主动跟他母亲沟通，让母亲陪同前往照顾刘青的饮食起居。就这样，刘青带着婆婆和孩子千里迢迢赶赴位于陕西的中铁宝桥。婆婆白天帮她带小孩，晚上回来她自己带。她最终取得了中国中铁焊接单项第一的好成绩。同年11月，在九江长江大桥加固改造工程项目办和江西赣鄂皖路桥投资有限公司联合开展的"九江长江大桥（一桥）公路桥加固改造项目技术比武"活动中，她获得钢构件焊接竞赛第一名的成绩，并荣获"最美工匠"称号。

车间曾考虑到刘青和她丈夫都在一线烧电焊太辛苦，建议她改行做比较轻松的设备管理员，却被她果断拒绝了："我喜欢干电焊，这是我的梦想，我不想改行，就让我干下去吧！"朴实的话语背后却是铮铮誓言。她从不后悔当初的选择，哪怕电焊弧光灼伤了眼睛，飞溅的焊花烫伤了脸颊，闷热的电焊手套捂出满手的湿疹，她也始终没有过放弃的念头。在她看来，一块块钢板在自己的巧手"编织"下，从箱梁、杆件直至组装成一座座巍峨的跨河、跨江、跨海大桥，犹如一道道美丽的彩虹，她的心中就充满了骄傲和自豪。当然，除了热爱，还有一个原因——电焊是她和丈夫共同的追求和感情联系的纽带。从事电焊事业后，两个人一直都是最默契的搭档，刘青说："如果我自己改行了,那我丈夫就会少一个并肩前行的人。"

在繁重的工作之余,她购买了焊接新工艺、新知识方面的书籍进行自学,不断提高自己的专业理论知识,并且积极向老师傅们请教。在不断地学习、摸索、实践中,她练就了过硬的电焊本领,熟练掌握各种焊接设备和焊接方法,特别是在各种接头熔透焊方面,积累了丰富经验。

他们二人在各自追逐梦想的道路上付出着、收获着、成长着,用辛勤的汗水描绘着人生诗篇。

携手同行　诠释匠心

"世上无难事,只怕有心人。"在一项项工程的焊接中,在一块块钢板的锤炼下,刘青的焊接技术更上一层楼。18年来,刘青不仅将焊接视为一项工作,更将其视为一项艺术。凭着过硬的本领、精湛的技艺和精益求精的态度,她逐渐在钢梁焊接领域绽放出夺目的光彩,先后完成武汉天兴洲长江大桥、南京大胜关长江大桥、沪苏通长江大桥等40多座国内知名桥梁的钢梁焊接任务,累计完成焊缝长度近7万米,优良率达到99%以上,是中铁九桥闻名的"免检焊工",参建的重点工程获得国家优质工程奖、中国建设工程鲁班奖以及7项全国优秀焊接工程奖等众多大奖。她勇于创新,完成焊接技术攻关10余项,实现龙门焊机冬季焊接防风措施、龙门焊机焊接桥面板焊缝缺陷的产生及处理方法、六头双丝U肋龙门焊机焊接过程中焊丝灰尘清理、龙门焊机焊接弧形U肋桥面板焊接方法等小改小革9项,提高了焊接质量,改善了焊缝外观,提升了工班工效。

而吴海辉参加工作以来,也先后参加了湖北公安长江大桥、五峰山长江大桥等50多座桥梁的焊接工作,成为中铁九桥一名不可多得的技能型人才。

他们是生活中不离不弃的伴侣,更是工作中携手同行的好搭档。他们在工作岗位上发挥共产党员的先锋模范作用,发扬工匠精神、劳动精神,在一座座跨长江、越黄河、穿峻岭的桥梁中挥洒汗水、播洒梦想!

焊接工作又累又苦又脏,风吹日晒不说,被烫伤更是家常便饭。"为防止被电焊火花灼伤,我们不得不穿着厚厚的工作服,戴上安全帽及面罩,将身体紧紧地包裹起来!"刘青说,"尽管这样,还是有电焊火花落入衣服内,将皮肤灼伤。所以只要当过电焊工,皮肤上肯定有灼伤的痕迹。"刘青胳膊上大小不一的新旧伤疤清晰可见,但这并未让她退缩。

"我们电焊工最怕的是夏天,有时刚到焊接现场,身上衣服就已被汗水浸湿,只能冒着酷热继续工作。为了防止中暑,要随身携带人丹等防暑药品。"刘青说。

2011年,中铁九桥承接的当时世界上最大跨度公铁两用斜拉桥——合福铁路铜陵长江公铁大桥正在如火如荼地建设中。在大桥钢梁制造过程中,主桁上弦杆节点两端槽口焊接合格率低,箱体端口焊后易变形。他们结合多年工作经验,和整个班组连日加班突击,最终找到了问题的突破口。

"当时我们是在露天外广场焊接,夏天温度特别高,整条缝有20多米,蹲下来一两个小时没有休息,从头焊到尾,夏天电焊温度也很高,脚踩在钢板上特别烫,就像是热锅上的蚂蚁。"刘青说。

就凭着这股韧劲,他们在吃透焊接工艺的基础上,加强与技术人员的沟通交流,经过反复研究摸索,采取对接仰位打底焊、正面气刨清根熔透的对接工艺方法,很好地控制了箱体端口变形,使大桥钢梁主桁上弦杆节点熔透焊无损检测一次合格率达98%。

一次合格率达到98%是什么概念呢?刘青直言:"工友里边极少有人能达到这种程度,整个公司这么多电焊工能达到这个水平的也就十几个人。"

后因大桥现场工期需要,刘青作为中铁九桥女子电焊突击队成员前往项目部支援。吴海辉得知这一情况后,作为电焊工的他主动要求陪同妻子一同前往。

炎炎夏日,在温度高达50℃以上的密闭箱体内施焊,无疑是对身体与心理承受能力的双重考验。在施工过程中,突击队员个个都挥汗如雨,汗水浸透衣衫,但这丝毫没有影响他们的斗志。他们夫妻二人互帮互助,搭架子、搬焊丝、拉焊机……冲锋在前,哪里最不好焊,他们就战斗在哪里,积极带动全体人员轮班上阵。最终圆满完成了任务,工程如期交付,而且焊接质量一次性通过验收,得到了三检方、总包方以及总监办的一致好评!

他们这样携手同行、攻克难关的例子还有很多很多——

在当时世界跨度最大的公铁两用桥——黄冈长江大桥钢梁制造过程中,他们采用标准胎架和焊接工艺控制法,通过保证钢梁受力点均匀分布、将原CO_2气体保护焊改为埋弧自动焊等方法,成功解决了横梁制造因板材厚、坡口大受热后易变形、焊接工位差等难题,大大提高了横梁焊接质量及工效,减少了作业时间,降低了劳动强度,为公司提前一个月完成横梁制造任务打下了坚实基础。

在国内首座跨越长江的重载铁路桥——蒙华铁路公安长江大桥钢梁制造过程中，桥面板是"U肋+板肋"的新型结构，板肋之间间距过小，六头双丝U肋龙门焊接机无法正常使用。他们认真分析情况，做了大量的试验，提出两道焊接法，先焊接焊缝较多的U肋起到固定作用，再对板肋进行焊接保证焊接质量，既节省了来回吊装的时间、节约了焊接场地，避免二次焊接变形，又大大减少了后序调校工作量，很好地控制了外形尺寸，同时也极大地提升了龙门焊机的利用率，为后续不同结构形式的桥面板焊接提供了成熟工艺。

在世界首座跨度超千米的公铁两用桥——沪苏通长江大桥钢梁制造过程中，我国首次将Q500qE级高强度钢应用于钢桥梁制造。该材料焊接性能差，特别在冬季低温环境下容易产生热裂纹。为了解决这一难题，他们翻阅了大量焊接资料，并积极和技术人员探讨，反复摸索和试验，记录下大量焊接试验记录，总结出局部预热、除湿除潮、采用SC81C高强度钢焊丝焊接的冬季焊接工艺，成功攻克了低温条件下Q500qE级高强度钢的焊接技术难题，为大桥钢梁制造顺利进行提供了技术支撑。同时在大桥钢锚梁制造中，8号段钢锚梁结构复杂，装配部件多，焊接工位小，焊接量大，且多为全熔透缝，锚梁的结构尺寸控制和焊接的难度成为制约工期的主要因素。MR4MR5由于是50毫米厚的板材，工艺要求采用单面焊双面成型。有过多次焊接此类型焊缝经验的他们带领徒弟们专焊此缝。经过多日的奋战，工班在规定的工期内完成了焊接任务，为今后的施工管理积累了宝贵的经验。

在世界首座大跨度串联斜拉桥——珠海洪鹤大桥锚拉板焊接过程中，锚拉板与圆管和顶板都为熔透角焊接。焊接工艺要求高，操作难度大，工班的电焊工都不敢尝试。他们大胆提出，通过在焊接平台一侧垫钢板的方法，将杆件设置约20°的倾角，形成小角度的船形工位，改善了先前底板与腹板间断性地出现熔深不够的现象。该方法解决了该项目超厚板焊接合格率不高的问题，也大大提高了工程质量，加快了工程进度。最终，该项目提前半个月完工，得到业主的一致好评。

在建设国内首座交叉索斜拉桥——安九铁路鳊鱼洲长江大桥过程中，桥面板需要大量对接，且都为复合板不等厚对接，对接过程中极易出现裂纹夹渣等缺陷。针对这一问题，他们采取焊前进行对接焊缝打磨预热、层温控制，焊接时严格控制焊接热输入、运条稳定，同时观察熔池，防止焊缝金属有夹渣未融合的现象发生等措施，分层分道焊接，控制每一道焊缝厚度和熔宽。通过此方法，最终该项目复合板对接合格率达到99.5%。

他们面对一个个焊接技术难题，从来都是迎难而上，通过解决问题，从中获得成就感和幸福感。谈到这份工作，刘青、吴海辉都表示："因为这项工作比较具有挑战性，只要每天都在进步，就很开心。"

匠心传承　满园芬芳

习近平总书记在党的二十大报告中提到"科技是第一生产力、人才是第一资源、创新是第一动力"。近年来，中铁九桥注重技能技术人才的选拔培养，通过"导师带徒"、劳模工作室的创建、"五小"（小发明、小改造、小革新、小设计、小建议）竞赛活动等，发挥"传、帮、带"的作用，培养青年职工的工匠精神、创新意识，为青年职工创建实现人生梦想的平台、搭建发光发热的舞台。

"师傅领进门，修行在个人。"在一个人的成长成才过程中，遇到一位良师是极其可贵的。刘青刚参加工作，便遇到了她人生中的一位"贵人"——她的师傅王中美。这位"贵人"可了不得，她当选过党的十九大代表、中国工会十七大代表，荣获过"全国优秀共产党员""全国劳动模范""全国技术能手"等称号，在建党百年之际作为全国"两优一先"代表与国家领导人合影。

刚上班的刘青一时很难适应这份工作，她说："在技校学得比较'皮毛'，上班后感觉烧电焊很脏，每天工作量又大，任务很重，对皮肤不好，脸上还会长斑，所以我有打退堂鼓的念头。"

"在中铁九桥，女性烧电焊的占 1/3，女性由于天生力气小，搬机子比较吃力，又担心电焊会损伤皮肤，所以很多女性都不愿做这份工作。"刘青说，"当时很多同学适应不了辛苦的工作，有一大半都改行了。"

然而，就在这时，她的师傅王中美的出现改变了她的想法。看到王中美烧的漂亮的焊缝，刘青瞬间对师傅产生了崇拜之情，并且暗下决心要像师傅一样优秀："她焊出来的焊缝像鱼鳞一样，特别美；她调出来的电流电压，声音特别悦耳，像音乐一样。"

王中美对刘青的影响不仅在技术上，她的人格魅力更是深深打动着刘青。刘青感慨地说："师傅从来不怕脏，不怕累。凡有高难度熔透焊、角缝焊和对接环缝焊，她都主动承担，哪里施焊难度大，哪里就有她奋斗的身影。干起活来特实在，啥事都冲在前面，让同事少受累，自己多辛苦，这就是奉献精神。她对我影响很大。"说起师傅工作的那股子劲，她一脸的钦佩。

在师傅的带领下，安下心的刘青开启了她的职业生涯，并逐渐在焊接领域找到工作的价值和乐趣。"干别人不干的事，吃别人不能吃的苦"，"干一行、爱一行、专一行，一步一个脚印，踏踏实实工作，清清白白做人"成为她的经典语录之一。

因为技术高、业务好，刘青成了中铁九桥的一面"活招牌"。提到刘青，中铁九桥人甚至是业主、监理无不称赞。"她啊，踏实肯干，能力强，是个人才嘞！"她的师傅王中美对她的肯定溢于言表。

现在，王中美放心地把"女子电焊突击队"的队旗交到了刘青手中。刘青带领的突击队焊接合格率达到100%、焊接优良率达到98%，是中铁九桥闻名的"免检工班"，也是一支敢闯敢拼、能打胜仗的"尖刀连"。

多年的焊工生涯让刘青深知技能型焊工人才的可贵，特别是追寻九桥梦的途中，为公司建立一支知识型、技能型、创新型劳动者队伍，是她和丈夫共同想开创的宏伟事业。

工作中，刘青注重发挥自身"传、帮、带"作用。2019年9月，中铁九桥成立了"江西省刘青技能大师工作室"。她在工作室开设了青工安全知识和焊接专业技能培训班，每年都要分批次对新员工及协力队伍中的焊接作业人员开展培训授课，把所学的知识和掌握的技能毫无保留地传授给大家，每年授课人数达到60多人/次。

在生产班组，刘青和吴海辉甘为人梯，主动与工班内的青工签订导师带徒合同，为徒弟们规划人生蓝图、确定成长方向，当徒弟们偷懒时严厉批评，当徒弟们遇到困难时又耐心指导。在徒弟们看来，他们既是严师又是知心朋友。他们带的徒弟目前在生产一线都成了中坚力量，并多次在各类竞赛中取得好的成绩。

他们不仅为公司内部青年职工授课指导，还走进企业、项目部，把理论知识带给一线工人，为他们进行技术指导和服务。

中铁九桥承接的菏（泽）宝（鸡）高速临猗黄河大桥穿越山西、陕西两省，钢箱梁使用免涂装的耐候钢材料，共5.7万吨，单桥耐候钢使用量位居世界第一。进入 12 月份,山西省临猗县早晚平均气温均在 0℃以下。低温环境下,耐候钢户外焊接质量是制约现场进度的一大难题,也是困扰业主及总包单位的一块"心病"。

2021 年 12 月,在大桥项目部现场节段组拼过程中,50 毫米厚对接缝经超声波探伤,多次发现整条间断性裂纹。为高质量、高效率地完成大桥钢箱梁焊接任务,受项目部的邀请,刘青到项目部解决难题。当时正值新冠疫情多点散发之际,她没有片刻犹豫,在到达项目部后,第一时间针对项目的特殊性对现场作业人员开展了相关培训,并根据目前国内耐候钢桥建设情况对"钢结构桥梁焊接操作常见问题""免涂装耐候钢桥制造""焊接关键技巧"等有关知识进行了详细讲解。同时,刘青结合自己多年的焊接实践经验,在大桥 LY-02 标段钢箱梁加工厂进行了实操演示,在操作过程中对耐候钢的特点、制造技术、管理与维护、焊接冬季施工以及有关焊接工序分别进行了详细讲解,对焊接技术人员进行手把手的指导,取得了理论知识与实践操作完美结合的效果。这一系列举措,不仅为项目部攻克了难题、节约了成本,同时也加快了现场的施工进度。

比翼双飞　共筑小家

"宝剑锋从磨砺出,梅花香自苦寒来。"十八载青春无悔,十八载砥砺初心,十八载坚守一线电焊岗位,刘青以不爱红装爱工装的精神、巾帼不让须眉的毅力生动地诠释了"铸造精品、精益求精"的匠心精神,用电焊枪下的"火树银花"摇曳出新时代女性的别样风采。

一分耕耘,一分收获。飞溅焊花映照辛勤身影,闪耀弧光点亮青春梦想。刘青获得过多项国家级、省部级荣誉——

2018年6月,荣获"第五届江西省优秀高技能人才(赣鄱工匠)"称号;

2019年4月,荣获"江西省青年岗位能手"称号;

2019年5月,获得"江西省青年五四奖章";

2020年3月,荣获"江西省三八红旗手"称号;

2020年10月,荣获"江西省劳动模范"称号;

2023年3月,荣获"全国巾帼建功标兵"称号;

……

从一名农村姑娘成长为如今的"首席电焊工",成绩和荣誉的背后,是刘青多年来的默默付出、刻苦钻研。她用辛勤耕耘的汗水,谱写出一曲女焊工匠心绘彩虹的英雄赞歌。

当然,"军功章"上有刘青的一半,也有她丈夫吴海辉的一半。刘青心里清楚,自己能够在焊接事业上取得如此多的成就,得益于国家对产业工人的重视、公司领导的培养,也离不开丈夫的大力支持。

"迢迢牵牛星,皎皎河汉女。"自古以来,牛郎织女的民间爱情故事让无数人心向往之。在2022年"七夕"来临之际,中铁九桥征集了公司里"牛郎织女"的爱情故事。其中,一个故事打动了很多人,"这17年一路走来,公司的角角落落到处都是我们的身影,一起上下班,一起练习焊接技术,一起攻克焊接难题,一起参加各种比赛考试……虽辛苦,但甜蜜!回到家,我们争做家务、互相体谅,细心教育、陪伴孩子,共同精心呵护着爱的港湾!"这个故事是吴海辉写的。字里行间,没有海誓山盟,也没有甜言蜜语,只有朴实却又真诚的叙述。

故事是这样写的,他们也是这样做的——在工作中出双入对、互帮互助、羡煞旁人，生活上互敬互爱、用心陪伴、恩爱有加，成为邻里街坊口中的夫妻楷模。他们既顾好自己的"小家"，又热爱九桥这个"大家"！当刘青在外培训学习的时候，吴海辉则在家里独自撑起一方天地，白天做好自己的工作后，晚上下班耐心照顾孩子、老人，主动包揽所有家务；当两个人都在家时，他们琴瑟和鸣，从不让另一半独自承受忙碌和辛劳。

身为电焊工，吴海辉的事业也得到刘青的鼓励与支持。有一次，作为焊接班班长的吴海辉临时接到任务，要去温州项目部参与突击焊接，工期一个月。作为班组长、共产党员，面对紧急任务，带队出发义不容辞，可是家里老人身体不好，还有两个年幼的孩子需要照顾，妻子刘青既要上班又要兼顾家里，这让吴海辉陷入矛盾纠结中！当天晚上，刘青发现丈夫心事重重，便主动关心起来。得知原因后，刘青脑海里闪过的第一个念头便是："我们都是共产党员，要有党员的担当！你去吧！家里有我呢！"在刘青的支持鼓励下，吴海辉迅速带队出发。在焊接时遇到卡脖子的难题，刘青会通过视频为丈夫千里送"锦囊"。一个月后，吴海辉带领的工班圆满完成突击任务！苦心人天不负，从业多年的吴海辉先后荣获"江西省技术能手""九江市技术能手"等称号。

天平的两端，一端是事业，一端是家庭，只要稍有偏向，便会失衡。由于电焊工工作强度大，刘青、吴海辉有时也无暇顾及家庭，陪伴孩子的时间相对较少，为此深感自责。"我和丈夫都是焊工，不是上白班就是上夜班，没有多少时间和精力顾及家里，好在父母帮忙照顾两个孩子！"刘青说，"我晚上回家，主要是给孩子辅导作业，或者带着他们在小区里散步，基本上没有时间和精力带他们外出游玩。"

在女儿上三年级的时候，有一次整理房间，他们无意中看到女儿写的一篇小作文："我不喜欢过节假日，因为爸爸妈妈要上班，没有人陪我，我感觉好孤单。如果可以，我想天天去上学。"当他们看到这段话时，愣了好久。女儿从来没有告诉过他们这些话，还总是很坚强地叮嘱他们上班要注意安全，早点回来。殊不知，原来这么小的孩子心里藏了这么多话。从那以后，不管多忙，下班后他们总是会耐心地与孩子沟通交流，积极引导。

刘青一家四口

父母是孩子最好的老师。刘青、吴海辉拿回家的荣誉证书、奖杯激励着孩子奋勇争先，他们兢兢业业的工作态度也深深地影响着孩子，为孩子树立了良好的榜样。

他们的女儿非常懂事，小学阶段两次被评为"浔阳区三好学生"，进入初中后，成绩优秀，深受老师的器重和同学们的喜爱。为了提醒自己对学习认真负责，女儿的书桌上放着一个警示牌："学习很苦，将来的你一定会感谢现在努力的自己！"刻苦努力的学习态度、拼搏进取的学习精神使得她屡次获得班级第一、年级前十的好成绩！

他们的儿子如今在上幼儿园，被评为"礼貌宝宝""学习小标兵"等。2022年10月，作为中铁工业举办的首期"青年马克思主义者培养工程"学员，刘青要远赴西安参加培训。五岁的儿子得知妈妈要离开时，哭着央求妈妈不要走。看着哭得撕心裂肺、满脸泪水的儿子，刘青心中十分不忍，但还是耐心安慰儿子："妈妈是要去工作，很快就会回来的。"经过一番解释后，儿子似乎也懂了，抹了抹脸上的泪水，用稚嫩的声音告诉妈妈："我会乖乖的，妈妈你去吧！"那一刻，刘青既心疼又欣慰，感觉儿子长大了，内心暖暖的！

"青青子衿，悠悠我心"，刘青、吴海辉以实际行动诠释了爱情最美的样子。如今，刘青依然坚守在一线，像钢铁上傲然绽放的一朵"焊花"，吴海辉则成了中铁九桥的一名质检员。变的是岗位，不变的是彼此的那份理解、支持、陪伴和守护。

武汉天兴洲长江大桥、南京大胜关长江大桥、沪苏通长江大桥……每当说起这些桥梁，刘青都如数家珍："当看到一列列动车疾驰在我参建的桥梁上，一种满足感油然而生，觉得自己的努力付出是值得的——不仅为当地人的交通出行带来了便利，同时也实现了自己的人生价值。"

为选拔出一批优秀焊接人才参与世界最大跨度的三塔公铁两用斜

拉桥——巢马城际铁路马鞍山长江公铁大桥焊接任务，2022年10月21日，中铁九桥生产车间举行了"喜庆二十大，建功新时代"焊接技能大比武。刘青和其他选手们在钢梁隔板上专心焊接，比赛现场焊花飞溅。江西电视台的记者在现场进行了拍摄、采访。当得知当天晚上会在电视上播出时，吴海辉下班后早早地就和儿子、女儿守在电视机前。视频中，记者对刘青进行了采访："作为一名新时代产业工人，未来将以什么样的状态继续前行？"刘青自信地答道："习总书记在党的二十大报告中谈到'当代中国青年生逢其时，施展才干的舞台无比广阔，实现梦想的前景无比光明'。我将牢记习总书记的嘱托，不断创新，攻坚克难，用焊枪点亮工匠人生！"这段铿锵有力的话击中了吴海辉的心，他看着一旁的刘青，眼里闪烁着光芒，仿佛在表达着肯定与赞赏。目光交织中，刘青、吴海辉两个人几乎同时望向墙壁上赫然醒目的那张"中铁九桥最佳文明家庭"荣誉证书，想起最近又被评为"中铁工业'廉敬'家庭"，两个人达成了新的默契——自觉将"小家"融入"大家"，将"个人梦"融入"中国梦"，为加速交通强国建设贡献力量！

"车刀"锋从磨砺 "工匠"源自平凡

——廉敬：中铁科工陈汉龙家庭

心心在一艺，其艺必工；心心在一职，其职必举。十三余载，他怀着对工作的执着与坚毅，扎根一线，以厂为家，与冰冷的"机床"日夜相伴，将滚烫的心血倾注进每一件产品。他不忘初心、脚踏实地，用青春和热血践行一名共产党员的使命；他志存高远，勤学笃行，用初心和匠心耕耘"工匠"生涯。他以实际行动践行执着专注、精益求精、一丝不苟、追求卓越的工匠精神，用自己的努力在平凡的岗位上干出了不平凡的业绩。他们恪尽职守、勤勉敬业，用谆谆教诲传承了中华民族优良的家风家教。

"心心在一艺，其艺必工；心心在一职，其职必举。"这是中铁科工集团轨道交通装备有限公司高新装备制造厂小机加车间主任陈汉龙的真实写照。1992年出生的他，在中铁科工已工作了13个年头，只是三十出头的年纪，就早已成为工友口中"年轻的老师傅"。

"学习、思考、实践、创新"是他的座右铭。

工作13年来，陈汉龙一直扎根生产一线，参与过三峡电站、张家界大峡谷玻璃桥、中老铁路、汉十铁路等国家级重大项目配套设备的研制维修。先后获湖北省"劳动模范"、第四届"荆楚工匠"，中铁工业"劳动模范""优秀共产党员标兵""先进工作者"等荣誉称号。

他带领的班组被评为"2019年度全国质量信得过班组"，2021年荣获"全国工人先锋号"。以他的名字命名的"陈汉龙创新工作室"成员参加嘉克杯国际焊接大赛，连续3年获得银奖和铜奖。

他不忘初心、牢记使命，踏实工作，用青春和热血践行着一名共产党员的担当，用学习锻造匠心，以匠心书写事业、开创未来。

志存高远　勤学笃行无止境

武汉是中国经济地理中心、长江中游航运中心、华中地区唯一可直航全球五大洲的城市，是中国内陆最大的水陆空交通枢纽，素有"九省通衢"之称。

出生于河南漯河的陈汉龙与武汉这座城市有着不解之缘。1992年，陈汉龙出生于一个普通的工人家庭，他的父亲在汉口轧钢厂工作，母亲是制衣厂的一名工人。望子成龙一直是中国父母的传统观念，因为父母都在武汉工作，所以赋予他"汉龙"这个满怀期望的名字。

父母因为工作长期不在老家，陈汉龙变成了留守儿童。他从小动手能力就比较强，爱捣鼓一些有意思的"玩意儿"，把一些机械拆了装，装了又拆，还经常因为太过认真而忘记吃饭。

"积财千万，不如薄技在身。"渐渐懂事后，作为家中的长子，陈汉龙深知父母的不易。他暗下决心，一定要通过努力改变家庭环境，减轻父母负担。为了能和父母在武汉团聚，也为了拥有一技之长，15岁的陈汉龙在家人的鼓励与支持下，带上简单的行囊，来到武汉市技师学校学习数控车床专业。在上学时，陈汉龙的父亲曾对他说："学好技术，装进肚子，是实打实的本事。"

谈及求学生涯，陈汉龙坦诚地说："刚进学校时，对于车床加工只是觉得新鲜，并没有深入地思考，但随着不断学习，我发现车床是金属切削机床中最主要的一种，其技术难度可不小。"就这样，他沉下心来踏实努力地学习技术，车床成了他每天接触最多的东西。他坚定信心、从零开始，把车床加工需要掌握的知识和技能一点点地学习和积累。

在校期间，他勤学好问，成绩优异。上机床操作实习课时，很多同学都偷懒，拿着考试卷和练习件不愿意练习。每当这个时候，陈汉龙总是默默开始练习，他说："一开始我觉得车工很单调，当时主要学习的是工序，每天都是不停重复简单动作，后来我发现这是一个锻炼专注力的好机会，我会把注意力全部集中在每一个动作上。"练会之后，他还会主动帮助同学，告诉他们这些零件是怎么加工的。

2010年，18岁的陈汉龙凭借着优异的成绩被分配到中铁科工集团江夏制造基地，开始书写属于自己的无悔青春。中铁科工集团是深耕铁路、公路、隧道、轨道交通工程领域的大型工程装备企业，在武汉有一定知名度，江夏制造基地则是中铁科工的大型生产制造基地。同样是技术工人的父亲听到这个喜讯后，为陈汉龙感到十分高兴，在他去单位报到前再三叮嘱："做人做事一定要勤奋肯干，才能干出一番事业。"

初来乍到，面对一张张复杂的零件图纸，陈汉龙有点发懵，一时竟然不知从何下手。当想到身边的师傅们操作熟练，总能快速地解决问题时，陈汉龙躺在宿舍床上久久不能入睡，他心想："难道我做不到吗？"那一天，他给自己确立了一个目标——要做高素质、懂技术、会创新的技术能手。

"好记性不如烂笔头",从刚参加工作到现在,陈汉龙养成了随身揣个小笔记本的习惯。工作中但凡有疑问、有难题、有错误、有亮点,都会随时记下来,不懂就问,查漏补缺,现在已经积累了四个大本子、十几万字的笔记。时间一久,他成为大家口中"记性最好"的同事,很多老前辈都夸他,年纪虽轻,可技术扎实老道。

多年来,陈汉龙在工作岗位上兢兢业业,对一般人来说,能够认真地完成本职工作就已经很累了,哪里还有时间看书学习。但他白天埋头苦干,晚上抓紧学习,在学中干,在干中学。

陈汉龙工作照

当时，刚工作的他工资并不高，拿到工资后还要补贴家用，但为了学习好车工的知识，他不惜"重金"买了《机械操作手册》《机械加工工艺》《基础材料与热处理》等一批技术图书，通过业余时间自学，将这些书翻看了不知多少遍，时至今日，像砖一样厚的书籍里，哪个知识点在哪一页，他一下就能找到。

"我的第一学历并不高，当时选择读中专是觉得未来可能好就业，但在读中专的过程中，我发现了自己的短视，可当时已经没机会再重考。"在钻研技术的过程中，陈汉龙越发体会到文化知识的重要性，书本中暗藏着解决工作困难和技术难题的"金钥匙"，这为他做好工作、提升工作质效插上"双翼"。凭着这份执着与坚韧，他又陆续完成大专和本科课程的学习，2015年完成大专机电一体化专业学习，2021年完成本科机械制造及其自动化专业学习。

"如果有机会，我还想继续攻读在职研究生。因为在不断的学习中，不仅我的思维得到了锻炼，眼界也越来越开阔了。"陈汉龙说。

磨炼技艺　千锤百炼始成钢

成为工匠的道路注定不平凡，想要练就过硬本领，必须要"自讨苦吃"。

陈汉龙刚进入中铁科工，就遇到厂内公认的车工水平最高的梅师傅。"教会徒弟，饿死师傅"，过去社会上师傅带徒弟总带着一种保守思想，尤其是在传授"压箱底的绝活儿"的时候，一些师傅难免会有所保留。

幸运的是，梅师傅不一样，他对陈汉龙倾囊相授。一是因为梅师傅是部队出身，为人坦荡无私，还有一个很重要的原因是，陈汉龙遇到不懂的地方就会追着师傅问，这种踏踏实实的态度得到了梅师傅的认可。

梅师傅的教学方法也有些不一样，他会让陈汉龙先熟悉图纸，之后会问要怎么干才能够满足要求，陈汉龙说出自己的想法时，梅师傅再把他没考虑到的加工要点和不对的地方指出来。

"做事不光要胆大心细，而且还要又快又好。""干活儿要有自己的思路，举一反三，路才能越走越宽。"梅师傅经常对他说的话，他牢牢记在心里。

梅师傅的言传身教，也培养了陈汉龙不怕吃苦、精雕细琢的工作作风。陈汉龙每天都是最早到达车间，最后一个下班回家的。平时在工作中有不懂的问题经常和有经验的师傅沟通，刻苦钻研车工加工等方面的操作规范和要领，对加工工艺仔细揣摩，大胆地运用新工艺工法，逐渐具备了一名成熟车工的素质。

随着经验的丰富，陈汉龙能够熟练解决生产中遇到的各种问题和困难。当时有一批急活安排给梅师傅和他加工，图纸收到后，他主动跟梅师傅沟通加工工艺，分工序加工，运用梅师傅教的一些小技巧，两个人加班加点顺利按期完成交付。

车工行业有一句话：车刀技术是"三分看操作，七分看磨刀"。刚买回来的刀具都是毛坯，许多零部件都没有现成的刀具，所以要磨车刀。要磨好车刀，也就要懂得切削原理、懂得材料特性。

"别看磨刀这么一件小事，其实也是一门技术活，摸索着从不会到会，一些不知道的东西得自己慢慢琢磨，干什么样的工件，需要什么样的刀具，作为一名车工师傅要心中有数，这样才能完成这个磨刀工序。"陈汉龙一边解释，一边拿着合金制成的车刀刀柄，拇指按着车刀在一块湿漉漉的磨刀石上反复磨削。"宝剑锋从磨砺出，梅花香自苦寒来。"钝得看不出锋芒的一把把车刀，就在陈汉龙细长的手指中射出耀眼的寒光，成为一件件好用又称手的"武器"，他也从中掌握了打磨不同功能和材质的刀具的技巧。

通过两年多的不懈努力，陈汉龙的刀具刃磨水平和技能水平得到了很大的提高，这些年，陈汉龙到底磨过多少把车刀，自己也算不清楚了。"一个月平均要磨十多把。"这么多把刀磨下来，他的双手也渐渐结满厚厚的老茧。

刀如此，人亦如此。技能是一招一式磨炼出来的，大师是经年累月磨砺的结果。随着车床的旋转，他已在中铁科工奋斗了13个年头；跟着车刀刀架的进退，他已加工出无数产品；伴着铁屑的飞落，他已成长为一位技艺精湛的车工"工匠"。

当他回想起这些年的工作经历，有不被理解的沮丧，有加班熬夜的辛劳，但更多的是产品顺利交付的喜悦和得到认可后的自豪。

匠心独运　精雕细琢方为器

央视有部著名的纪录片《大国工匠》，陈汉龙非常喜欢看。他觉得手上有绝活的工匠都是充满科学精神的研究型人才，拥有一颗匠心，就能不断在技术上创新路、出精品。

由于陈汉龙拥有过硬的技术，公司每次接到加工精度要求高、结构特殊的产品，总会把这些"难啃的硬骨头"交给陈汉龙。陈汉龙技能过硬，也善于动脑筋，面对这些急难险重的任务，陈汉龙总有办法通过自己的刻苦钻研，为它们定制出最适合的加工工艺，与班组一起高质高效地完成任务。

经过不懈努力，陈汉龙的成绩得到了领导和同事们的高度认可，他也由一名普通的车间工人成长为基层管理人员。从一线工人到工班长，再到现在的车间主任，他从未离开过生产一线。

自担任车间主任以来，陈汉龙感觉肩上的担子更沉、责任更重了，机械加工是企业生产管理中安全风险系数最高的岗位，为确保班组20多位同事的人身安全以及公司产品的质量安全，他给自己制定了重落实、重实干、重责任的"三重"工作方针，最终所带班组实现了安全生产"无违章、无隐患、无事故"三无目标。

强意识，重落实。陈汉龙坚持每天班前安全教育，每月召开事故案例分析会，宣讲安全注意事项、查找安全隐患、分析原因、制定整改措施并逐项落实。结合班组实际，在机械操作作业、高空作业、打磨作业、临时用电作业等关键领域，提出安全管理风险点，强化作业项目风险管控，确保班组工作安全稳定。

勤学习，重实干。陈汉龙十分注重安全生产法律法规、股份公司"2468"管理要点、铁腕治安全硬十条等理论知识的学习，并坚持用理论指导工作实践，解决在加工件打磨作业、盾体高空作业、加工件在机床装夹及吊装工作时存在的诸多安全隐患。

严管理，重责任。陈汉龙在班组定期开展安全培训，宣传安全生产法律法规及公司的各项规章制度，树立"安全生产无小事"的责任意识，规范班组成员作业行为，推动班组安全生产工作。

技术革新永无止境，陈汉龙追求极致的脚步也从未停歇。除了自己的班组干得好以外，陈汉龙也决心让厂里的生产制造水平再上一个台阶。2018年8月，在上级领导的支持下，成立了以他为带头人的"陈汉龙创新工作室"。该工作室的成员来自不同班组，主要任务是技术工艺革新、项目提质增效以及培养一批高技能人才队伍，更好地服务车间生产。

在他的带领下，一批有想法、有技术、有冲劲的年轻人拧成一股绳，打破班组、工种的局限，从不同方向踊跃争先、集思广益、总结经验，解决了数十项生产难题，研究了一系列能够提高工作效率的创新性工艺工法。

工作室先后完成了高铁线路混凝土雕刻机的研制、大盾体加工专用立车及加工工法的研究、超厚钢板U型焊接坡口加工工艺研究、尾盾注浆块的工艺制作改进及优化、三峡机组推力轴承镜板的修复等多项任务。在工艺创新方面，解决了目前高铁线路混凝土底座标识多为油漆刷涂、风吹日晒容易脱落等问题。

"车工虽然是跟冷冰冰的机器打交道，但每一件产品都倾注了我们滚烫的心血。"翻开他的手机相册，里面全是他加工的各种产品的照片，几乎没有自己和妻儿的生活照，就连办公桌面上摆的唯一一张家庭合影，还是他的妻儿参加公司"家庭助廉座谈会"时的照片。

三峡电站，是世界上规模最大的水电站，也是我国"西电东送"和"南北互供"的骨干电源点。三峡集团三峡电厂的70万千瓦水轮机组是目前世界上承载推力最大、单机容量最高的机组。在这套机组中，推力头和镜板作为重要的承载设备，易磨损、难修复，属于超精加工生产。最初接到这个任务时，车间现有的设备不足以满足加工要求。面对公司想接又怕难以完成的这个项目，陈汉龙提出创新修复技术，完善加工工艺，研发新的配套工装夹具，保质保量地完成了任务。最终，陈汉龙负责修复的该机组项目技术获得了发明专利，还为公司赢得了"中国中铁管理实验室活动先进单位"的荣誉称号。

2018年，他带领团队自主研发了高铁线路混凝土轨道板雕刻机，不仅能满足混凝土底座雕刻永久编号标识的需要，同时由于成型美观、质量稳定，得到了业主的一致好评。由于没有过往经验，大家"摸着石头过河"，经历了不少困难。在设计初始阶段，需要到现场测量数据并查看运行工况，当时武汉铁路局的检修作业都是在凌晨进行，他和工友们也只能等到深夜才能到达现场测试设备。最终，在大家的共同努力下，该项目在汉十高铁武汉段成功应用。目前高铁线路混凝土雕刻机已生产8台，实现销售收入160多万元，并通过了2020年中国中铁科学技术成果评审，整体技术被认定达到国际先进水平。依托该项目，陈汉龙创新工作室也荣获了"2019年度全国质量信得过班组"荣誉称号。

"我虽然距离大国工匠的要求还很远，但我愿以'匠人之心'的标准要求自己。"陈汉龙说。

言传身教　百花齐放春满园

习近平总书记强调："我国经济要靠实体经济作支撑，这就需要大量专业技术人才，需要大批大国工匠。"

一花独放不是春，百花齐放春满园。在人才培养方面，作为"陈汉龙创新工作室"的带头人，陈汉龙不仅注重自身的提升，更下定决心要带出更多高技能人才。

他在言传身教间悉心指导青年员工，将掌握的理论知识、工作经验、创新的技术成果，分享给其他同事。"连我这个中专生都能成长为技术能手，那些比我年轻、比我学历高的员工，只要我肯花时间、用真心去帮他们、带他们，他们都会比我成长得更快更好。"陈汉龙说。

陈汉龙在微信运动上的步数每天都在2万步以上。曾有一位刚到公司的同事很喜欢跑步，在微信运动上看到陈汉龙每天的步数后，以为他也喜欢跑步，便去问他："汉龙，咱们公司附近有没有适合跑步的路线啊？推荐一下。"经过一番解释，这位同事才知道，陈汉龙除了完成自身的加工任务外，每天还不停歇地奔走于车间每一台车床、铣床、钻床、镗床、龙门铣、加工中心机床……，巡查、指导车间和工作室成员的工作，处理、协调解决各项突发问题，哪里有"疑难杂症"，哪里就有他的身影。

车间里曾有一位新进员工，学技术快、反应敏捷，但就是做事求快不求细，有些毛躁。陈汉龙就和他交心谈心，问他："你想不想成为我们创新工作室的一员？你要想来，你就要好好干，克服粗心大意的毛病。"谈心后，陈汉龙每次操作机床时，都会特意喊上他，工作时陈汉龙也经常去"探班"。

一开始，这位同事对这种"挑刺""挑毛病"的行为还有些不理解，但时间一长他发现，陈汉龙非常较真，但讲的都很实用，对工作帮助很大，便转变了以往的态度，慢慢虚心求教。只要他有不懂的地方，陈汉龙都会耐心解答，遇到一些比较难的地方，陈汉龙会先了解他的思路想法，然后再手把手地教他，直到他弄懂为止。经过陈汉龙的耐心培养，这位同事逐渐符合了成为一名工作室成员的标准，并成功加入"陈汉龙创新工作室"。

一花引得百花开，百花捧出盛景来。自工作室成立以来，陈汉龙培养了高级技师2名、技师6名、高级工18名、其他人才50余名。"聚是一团火,散是满天星","陈汉龙创新工作室"成员不仅在各自岗位上为公司创造了更多精品,成为能够独当一面的行家里手,还在各自的班组中培养和挖掘了更多新人,切实发挥好"传、帮、带"作用。

为让"陈汉龙创新工作室"成为技术能手的摇篮,打造创新人才基地品牌,陈汉龙向组织申请,获批在工作室推行"能者上,庸者下"的轮岗准入机制,干得好才能留下,工作松懈、业绩不佳就会被替换出去。在这样的氛围下,工作室的竞争活力被大大激发,先后涌现出2名"武汉市技术能手",选派部分年轻员工代表参加"嘉克杯"国际焊接大赛,连续3年获得银奖和铜奖的好成绩,让更多职工看到了只要肯学肯干,技术这条路就能走得通!

陈汉龙深知,不仅要把工作做好,思想方面也要不断争取进步。他积极向党组织靠拢,于2017年7月光荣地加入了中国共产党。他在工作中发挥党员模范带头作用,乐于奉献,不怕苦不怕累。在工作中,结合习近平总书记"三个转变"的重要指示精神,他积极配合所在党支部,在创新工作室开展主题党日活动,发挥"生产力党支部"在生产一线尤其是在关键项目中的引领带头作用,团队协作,做好每一个项目的过程管控,将创新创效的信心和决心转化为实际效果。

什么是工匠精神?陈汉龙的回答是,工匠精神不仅是要热爱自己的工作,把本职工作做好,更多的是要有传承精神,把自己一些好的经验分享给同事们,让大家都共同进步,为企业和国家的发展贡献更大力量。

克勤克俭　风清气正家和畅

家庭,是温暖的港湾,是成长的后盾,拥有良好的家风,会影响家庭里的每一个人。陈汉龙突出成绩的背后，也离不开家庭的默默支持，勤俭和朴实是对陈汉龙家庭家风的最好概括。

谁人不知家里好，但好男儿身担重任。陈汉龙爱家庭，但始终以企业、工作为重。十多年来，陈汉龙一直住在职工宿舍，虽然离家只有20千米，但因工作繁忙，很难保证每周回家。

陈汉龙家庭合影

陈汉龙的妻子王妍妍与他是同乡，2018年结婚之前，两人有过5年的异地恋，这些年来更是聚少离多。王妍妍对他也有过抱怨："你总是忙工作，十天半个月不回家，你心里还有没有我？"她虽然嘴上这么说，却在行动上支持着陈汉龙，为了两人距离更近，她就在中铁科工江夏制造基地附近找了一份工作。

结婚多年，质朴的王妍妍并没有对陈汉龙提出过什么物质上的要求。谈起这件事陈汉龙说："工作虽然有压力，但想到那么善解人意的老婆，我感到更多的是动力。"

2019年，为了让陈汉龙安心工作，妻子王妍妍在怀孕后就辞职做了全职妈妈，作为媳妇，恪尽孝道，对父母嘘寒问暖，经常陪伴家人谈心，做他们精神上的支柱；作为母亲，慈爱不溺爱，在照顾好儿子生活的同时，还担负起教育孩子成长成才的重任；作为妻子，争当"贤内助"，为了减少丈夫的工作压力和牵挂，她在怀孕期间一人承担起家庭的所有事务，把家里打理得井井有条。

2020年，陈汉龙的儿子一岁时，由于孩子活泼好动，将手指放进了厨房的面条机里，锋利的刀片瞬间削掉孩子手指上的一块肉。当时，正值疫情严重时期，也是中铁科工"空轨"试验线即将通车的关键时刻，陈汉龙及其班组负责桥梁伸缩缝的配套钻孔任务，因高空作业，加工难度大，作为班组的带头人，这个任务离不开他。得知孩子受伤的消息后，陈汉龙毅然选择留在作业现场，保障项目的正常运转。为了不让丈夫分心，王妍妍一人将孩子送到医院，独自陪护直到孩子康复。半个月后，当陈汉龙回到家时，看到儿子还没愈合的伤口，看到脸上带着疲惫的妻子，陈汉龙满是愧疚。

持之以恒的努力付出，换来了一次次荣誉。陈汉龙在工作中努力，取得了一定的成绩，更得到了组织的认可，但王妍妍并没有陶醉在欣喜之中，而是更加清楚地认识到，真正地爱丈夫，爱这个家，不仅要甘当家庭保姆全力做好"贤内助"，更要淡泊名利乐于当好"廉内助"。

王妍妍对陈汉龙说："公司给你这么多荣誉，必须努力工作，才能不辜负公司对你的培养。"陈汉龙的父亲也对他说："荣誉属于过去，每天都是新的开始。"家人的鞭策让陈汉龙意识到，不能满足于当下的成绩而骄傲自满、故步自封，要更加努力才能走得更远、做得更好。

2021 年，公司聘请王妍妍为"家庭助廉监督员"，她深感责任重大。她说，自己将时刻提醒陈汉龙作为一名劳模代表，要自觉带头践行"守正创新，六廉兴企"的廉洁文化理念，将廉洁理念通过"陈汉龙创新工作室"渗透到各个岗位，营造风清气正、人和企兴的氛围。

如今，陈汉龙家庭迎来一个大家非常关心的问题，那就是"如何培养好下一代"。在参加 2023 年中铁科工"新年廉洁第一课"时，陈汉龙作为中铁工业"六廉"家庭中的一员，与孩子们一起做手工、下棋、唱歌、包饺子，这样带有"六廉"元素并且寓教于乐的课题方式让他眼前一亮。

"这样的活动很有意义，等我的孩子再长大一些，我要让他到'六廉'课堂中去接受熏陶，更好地学习廉洁知识，树立廉洁意识，帮助他系好人生的第一粒纽扣。"陈汉龙说。

爱企如家　青春无悔著华章

梁启超在《敬业与乐业》中有这样一句话："凡职业都是有趣味的，只要你肯继续做下去，趣味自然会发生。"对于陈汉龙来说，工作的快乐就是在机床上加工好每一个零件。

当一名车工的艰苦、忙碌、乏味、危险，只有身处其中才能体会。这些年来，身边很多人因为吃不了这个苦做了别的工作：他们有的人转行了，有的人做起了生意，有的在社会上兜兜转转多年也没找着自己心仪的工作。但陈汉龙总是像一颗"螺丝钉"，尽管获得荣誉无数，仍十几年如一日地坚守岗位，把自己的全部精力投入到工作中，与企业同风雨、共成长，发挥自己的光和热。

他说："不能把工作简单看成一种谋生的手段，干一行，就要爱一行。"面对坚固沉重的车床，有些人把它们看作工具，渐渐地失去了兴趣，而陈汉龙永远视它们为朋友，把工作当成一种乐趣。面对偏僻的厂区，有人把它当作束缚，向往繁华的闹市，而陈汉龙却将车间视作自己的舞台，把公司看作一个大家庭。

作为一名车工，整天置身于嘈杂与闷热的车间，与冰冷的机械、枯燥的数字打交道，夏天车间温度高达40多摄氏度，对身体和精神都是很大的考验。但是对陈汉龙来说，这些早已经是家常便饭。

"车工主要是站着操作，一站就是一天。"由于他长时间高强度地工作，2014年检查发现患上了腰椎间盘突出。在医院检查时医生也不禁感慨："这么年轻就有这病，工作得有多拼！"当他听到这句话时，身上是痛的，心里却对他自己的付出感到无悔和自豪。

陈汉龙那爬满新旧疤痕的双手也令人心疼。对于车工来说，打磨车刀、加工零件时飞出的钢屑不可避免，溅在手上就是一个血口子、血泡，这些伤对他来说都只是"家常便饭"。最严重的伤是他左手的一根手指，被截了半截的手指再也长不出指甲。那是他在车间工作时，100多千克的钢板重重地压在他手上留下的印记，当医生告诉他手在恢复后不会影响工作时，他才放下心来。

"我们身处一线，就像一颗颗小小的螺丝钉，有一个人松散、有一丝丝懈怠，就可能会给企业、给国家、给社会带来不可估量的损失。我必须紧绷这根弦，坚守岗位。"陈汉龙说。

2020年，武汉突发新冠疫情，在党中央的坚强领导和全国人民的大力支援下，武汉疫情转危为安。防控常态化后，中铁科工积极推动复工复产。作为创新工作室的带头人，陈汉龙充分发挥国企员工担当，把疫情耽误的时间夺回来，带领大家把技术练得更好。

在中国中铁"抗疫情 保增长 大干一百天"和"决战四季度 决胜保目标"劳动竞赛中，陈汉龙带领大家加班加点抢工期，保质保量完成任务。最后，提前完成了2020年生产目标，用实际行动交出了一份满意的答卷。

2021年，当陈汉龙与王中美等中铁工业"劳动模范"一同站上领奖台时，他激动地说："我不是劳模，我只是一名普通的中国中铁人，我愿意一直努力，尽微薄之力，为中铁事业奉献出全部的青春和热血，让我的团队真正成为中铁工业旗下的一支优秀铁军！"

成功属于开拓创新、担当实干的奋斗者，成功属于只争朝夕、奋发有为的追梦人。陈汉龙就是这样的人，他的事迹并非惊天动地，但平凡孕育高尚，细小昭示博大。他把对事业的热爱融于行动，在平凡的岗位上做出卓越成绩。抚今追昔，鉴往知来，陈汉龙的成长也如同中铁科工的发展一样，每一步都艰辛而踏实。

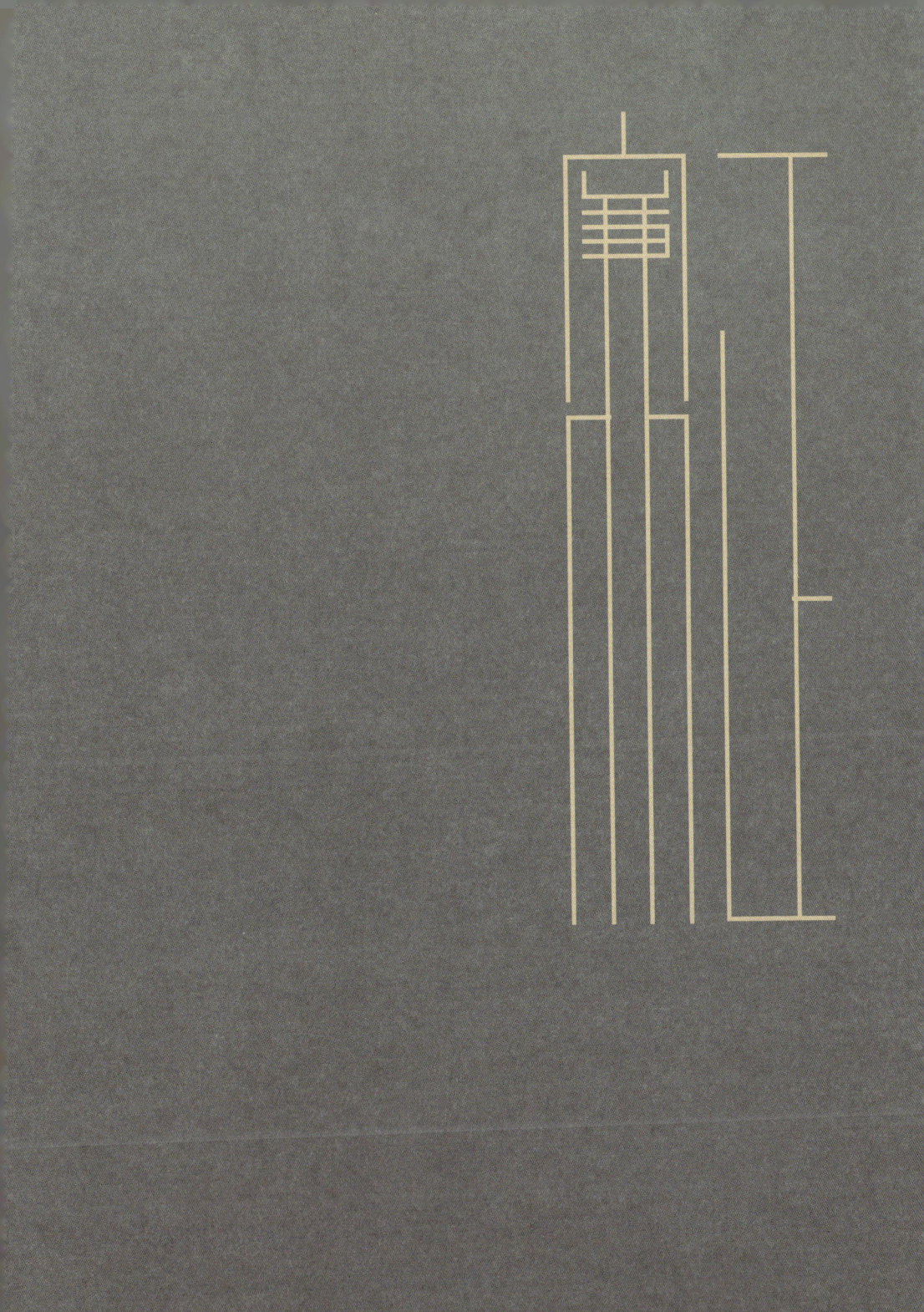

红星引领人生路　持方守正不偏航

——廉正：中铁新交徐红星家庭

入党 15 年，对"红星"二字崇高内涵的理解认识日益深刻并矢志不渝、忠诚践行；两人从相识、相知、相爱到成家立业、生儿育女十五载，对家庭"责任"二字的理解认识日益深刻并恩爱如初。徐红星、张晓夫妇，坚守初心、拼搏奋进在各自岗位，以纯真的感情、清廉的本色、奋斗的精神，干净正直做人，踏实正派做事，共同书写了一部恩爱和睦、打造温馨幸福家庭，持方守正、涵养廉洁高尚品格，昂扬向上、创造人生事业辉煌的精彩篇章。

2020 年 5 月 6 日，在廉洁公正、铁面无私的包拯的故乡安徽省合肥市，诞生了一家由中铁工业联合 3 家央企、2 家地方国企投资组建的、完全有别于中国中铁现有产业类别的新型企业——中铁合肥新型交通产业投资有限公司。公司成立的目的在于抢抓长三角一体化历史发展机遇，落实股份公司立体经营战略部署，创建中铁工业新的经济增长点，在我国新型轨道交通建设事业中勇担使命、建功立业。

公司成立两年多来，这支平均年龄只有 30 岁的年轻团队，焕发着青春活力与勃勃生机，洋溢着昂扬锐气与浩然正气，自信自强自立，拼搏创新奉献，以智慧和汗水，坚定有力地推动着企业不断前进。公司研究院党支部书记、副院长（主持工作）徐红星就是他们当中的优秀一员。

徐红星和妻子张晓，一个是江苏人，一个是山东人，一个朴实精干，一个直爽率真，他们相遇在南京的大学校园里，一时的缘分，惊艳了两个人的时光，温暖了三代人的亲情，幸福了四个人的家庭。15年来，夫妻二人以纯真的感情、奋斗的精神，干净正直做人，踏实正派做事，共同书写了一部恩爱和睦、打造温馨幸福家庭，持方守正、涵养廉洁高尚品格，昂扬向上、创造人生事业辉煌的精彩篇章。

饱含祖辈心愿的名字

相信很多人只要见到徐红星，一听到"红星"这个名字，都会不由得想到《红星闪闪》这首歌：

> 红星闪闪放光彩，
> 红星灿灿暖胸怀，
> 红星是咱工农的心，
> 党的光辉照万代。
> 长夜里，红星闪闪驱黑暗，
> 寒冬里，红星闪闪迎春来，
> 斗争中，红星闪闪指方向，
> 征途上，红星闪闪把路开。
> 红星闪闪放光彩，
> 红星灿灿暖胸怀，
> 跟着毛主席，跟着党，

闪闪的红星传万代。

《红星闪闪》是1974年10月1日起在全国公映的风靡全国、备受欢迎、反响巨大、影响至今的中国儿童红色电影《闪闪的红星》的主题歌。

"红星"这个名字，是徐红星的外公给他起的。徐红星出生时，这位工作在我国海洋渔业基层一线的共产党员，高兴至极，坚持给自己的大外孙起名叫"红星"。他对徐红星的爷爷奶奶说："亲家，咱这孙子就叫红星，让我们的后代拥有红星一样的品质，做到一颗红心永向党，好不好啊？"爷爷当即表示赞同，连说："好！好！好！一颗红心永向党。"

年幼的徐红星，对于自己为什么叫"红星"并不理解，只是每当爷爷、外公抱起他的时候，往往都要伴随着一句"一颗红心永向党"。对这句话，徐红星牙牙学语的时候就已经很熟悉了。

徐红星曾经多次问外公："'红星'是啥意思啊？"外公总是不厌其烦地告诉他："'红星'，就是红色的五角星，在我们中国，红星是共产党领导的无产阶级革命的符号，是中国共产党和中国人民军队的象征。外公给你起'红星'这个名字，就是希望你记住，共产党是我们中国人民的大救星和领路人，你要听党的话，永远跟着共产党，长大后成为一名共产党员，做个正直善良的人，做个勤劳智慧的人，做个坚强勇敢的人，做个努力上进的人，做个有能力为人民服务、有本事建设我们国家的人……"

那时，徐红星对外公讲的这些当然不能完全理解，但在他幼小的心灵里，这样一个意思还是明确的，那就是："我叫徐红星，既然叫'红星'，那就必须要做个懂事的好孩子。"

随着年龄的增长，上学、识字、读书，徐红星对"红星"的理解逐步加深、逐步清晰，对外公的话也渐渐明白了。不能辜负祖辈的心愿，要让自己成为他们希望的那样的人，是徐红星的努力方向，激励着他茁壮成长。无论是在射阳县新渔村小学读小学，在射阳县新洋港中学读初中，还是在射阳县第二中学读高中，徐红星始终刻苦努力不松劲，学习成绩一直名列前茅。加入少先队、加入共青团都是同年级第一批，并且在班里担任了学习委员。2004年，徐红星向射阳县第二中学（高中）党支部递交了入党申请书，他要以思想政治上的追求推动自己更加努力地学习、进步。2006年，他考取了南京林业大学，是入学新生中的入党积极分子，2007年3月，他加入党组织，成了一名中国共产党预备党员。外公听到这一消息后，高兴之情无以言表。

至今，已经入党15年的他，对"红星"二字的认识更加深刻，"红星"的崇高内涵已经铭刻在他的心灵深处。按照共产党员标准，干净正直做人、踏实正派做事，是他始终不渝的人生准则。

如初的关爱、依靠与动力

徐红星和他的爱人张晓是南京林业大学的同学。他学的是自动化专业，张晓学的是机械设计及理论专业。两个人相识于2007年大一的下学期。

那时的张晓学习成绩极好，知识面特宽，对课程理解的透、掌握的快，而且性格开朗、落落大方，深深地吸引了徐红星。而徐红星呢，淳朴正直、聪明热情、积极上进、学习用功，还有很强的组织能力，也引起了张晓的注意。

在大学期间，徐红星严格要求自己，在刻苦努力学习的同时，积极向党组织靠拢，热心做好社团等工作，在实践中锻炼提升自己。他先后担任班长、生活委员、自动化系学生党支部入党联系人、机械电子工程学院纪律监察委员会学干部部长、自动化系学生党支部书记，被评为南京林业大学"三好学生"，职业规划获得江苏省第三届大学生职业规划大赛南林赛区二等奖。

大学期间的张晓同样品学兼优，曾多次获得"三好学生""优秀学生""优秀学生干部""优秀毕业生"等荣誉称号，并获得"美卓技术"奖学金，她的毕业设计被评为"江苏省优秀毕业设计"。

他们夫妻二人从相识、相知、相爱到成家立业、生儿育女，已经15年。谈起在校时的情形，徐红星说："那时我们俩总是相互关心、相互鼓励，而且，虽然没有明说，但能够感觉到，各自内心都憋着一股劲儿，那就是好好学习，不断努力，绝不落后，比一比、拼一拼，要让对方看到更好更优秀的自己。"说这些的时候，徐红星神情坦然，没有丝毫的做作，一看就知是肺腑之言。

事实的确如此。15年来，他们俩始终格外珍惜彼此的缘分，始终格外珍惜家庭的长久幸福，始终坚持夫妻间的关心、支持与鼓励，始终坚持两个人的共同提高与进步。他们相伴相携走过的15年人生历程，已经毋庸置疑地告诉人们：他们一直坚守着恋爱时的初心，一直恩爱如初，一直是彼此的依靠和动力，时至今日，没有改变。

刚结婚的时候，为了便于徐红星工作，读研究生的张晓一直在公司附近租房，一住就是9年。读研究生的三年时间里，她每天来回的路程就得3个小时。研究生毕业后，她依旧是天天坐地铁上下班。有了孩子后，还是张晓为主，老人帮忙。徐红星到合肥市肥东县工作以来，家里的事情更多地落在了张晓肩上。每每说到这些，徐红星总是用"心中是深深的愧疚和满满的感谢"来表达自己对妻子的感情。

张晓考上在职博士生后，繁忙的工作、两个相隔不到两岁的孩子的孕养照顾、家中各种事情，"真的是太难了""累得不行了"，让她两度想放弃读博。尽管知道自己并不能帮妻子多大忙，也不能多做多少家务，但徐红星还是坚定地鼓励妻子"坚持！坚持！再坚持！"，并尽最大努力分担家务、照顾孩子，努力做好妻子读博的后勤服务工作。张晓说："是红星的支持让我坚持了下来，真的很感谢他。"

在探索和磨砺中成长

人往往是习惯于已有状态的，无论是生活还是工作。尤其是对于工作来讲，做惯了什么就喜欢一直做下去，不愿轻易改变。对于岗位的调动，人们首先想到的往往是会不会不适应、能不能做好，还有更加担心的是如果收入与业绩挂钩，会不会挣得少。

而对于徐红星来讲，却不是这样。自参加工作起，他就表现出了强烈的求知探索欲望和不服输、不怕苦的劲头。他常说："对于新的事物，我总想尝试尝试。总有一颗去外面看看的心。总想更加系统全面地提升自己，让自己拥有更多的经验、更大的能力，能够做更多的事情，能够作更多的贡献。"

正是因为有着这样的内在想法与动力，徐红星是同事中跳部门跳得最多的，也是在实践中成长最快的青年之一。

2010年8月，他大学毕业入职中车浦镇公司，任动车设计部电气机械设计师。在苏州1号线和杭州1号线电气屏柜设计工作中，他负责施工图设计、三维变更设计、现场生产服务及跟踪等工作，圆满完成了试制及各种问题的设计变更，当年即被公司评为"优秀见习生"。

由于出众的工作能力和清晰的工作思路，徐红星深受师傅和领导的器重。2012 年 2 月，他被调任为制动设计师，主持了上海 13 号线项目电气屏柜和制动系统设计工作，并以第一作者发表了论文《基于模块化的车载电气柜设计与研究》。

2015 年 6 月，徐红星又被调到设计开发部任制动系统主管，先后主持了贵阳、苏州、南京、杭州等多地多项有轨电车项目的制动系统设计工作。这个阶段，是给予他最多磨炼的时期，也是锤炼他坚毅性格、顽强作风的重要时期。

徐红星记得非常清楚，那是杭州 6 号线项目，当时他承担了国内首个时速 100 千米宽体 B 型车的方案设计工作。在与业主的沟通过程中，许多地方他弄不明白、听不懂、吃不透，连续 7 天在旅店里无法入眠，满脑子都是"项目""项目"，都是"怎么办？""怎么办？"，

徐红星为研究院的年轻同事讲解车辆技术

一次次脑子里涌出"放弃吧""回去吧"这样的念头。但是,"你是这个项目的牵头人,你放弃,别人怎么办?!项目怎么办?!""你是绝对不能退缩的!"这样的想法让他坚持了下来。睡不着就看资料,反复研究分析,不彻底弄明白绝不罢休。很快,他就适应了,业务也清晰了,与业主的沟通也顺畅了,最终他带领团队圆满完成了所有设计。事后他说:"这件事告诉我,只要你努力,就没有过不去的坎。"这一阶段的实践,也为他之后拥有出色的与业主沟通交流的能力奠定了基础。

2016年11月,徐红星被任命为设计经理、总体设计主管。几年间,他主持了杭临城际、杭海城际项目车辆总体设计工作,开发了时速120千米的B型地铁平台,拓宽了公司产品谱系。他还结合工作实际,获得发明专利授权6项,编制并发布标准1项,发表论文4篇。参与研制的无锡2号线车辆项目获江苏省机械行业协会一等奖,贵阳1号线车辆项目获江苏省机械行业协会二等奖。

奋进的脚步永不停歇

说起徐红星夫妻二人,人们往往喜欢用"这两口子,都很厉害。""有真本事!""了不起!"这样的话来评价他俩。

这样的评价是实事求是的,因为他们从未停歇过拼搏奋进的脚步。

2019年9月徐红星入职中铁轨道交通装备有限公司,任研究院高级主任设计师、总体组组长,2021年4月被任命为中铁合肥新型交通产业投资有限公司研究院党支部书记,2022年9月被任命为中铁合肥新型交通产业投资有限公司研发中心副院长(主持工作)。这三年多的时间里，他以高度的责任感、使命感，认真贯彻落实中国中铁、中铁工业关于推进新型轨道交通产业发展的部署和要求，组织开展了多项研发设计工作。其中，2019年10月启动的时速160千米市域D型车辆研制项目，既是中国中铁第一个高速大运量车辆平台设计开发项目，也是中铁工业的重大科研项目。该项目的目标是研制样车，搭建中国中铁市域车辆技术平台，以应对蓬勃发展的市域交通市场。项目不仅面临着技术难度大、积累不足、创新要求高、供应链受限等多种困难，而且研制周期仅仅14个月，远远低于行业内正常所需的16~18个月的研制周期。徐红星作为项目经理兼设计经理，全面主持了项目立项、设计开发、工艺设计等工作。

在这一新型车辆的设计工作中，徐红星经过反复调研思考分析，提出了"车辆技术成熟可靠是首要，车辆安全稳定是关键，车辆创新突破是亮点"的研发设计原则，并组织带领近40人的研发团队奋力攻关，经常是已经晚上10点了，研究院还灯火通明。经过8个月的不懈努力，他们先后攻克了25千伏高压供电等重大难关，培育出中国中铁核心钩缓部件供应链，创造了国内首个采用车顶全景多媒体电视屏、立体环状均匀送风系统、以太网维护局域网、集成驾驶屏等新技术应用的市域轨道交通车辆，实现了中国中铁新型轨道交通车辆由低速低运量到高速大运量的突破。

三年来，徐红星在获得江苏省机械工业科技进步一等奖、二等奖之后，又获得了江苏省机械工业科技进步三等奖、城市轨道交通技术创新推广项目成果奖、中国铁道学会科技技术奖二等奖等多个奖项，并被评为中铁工业优秀共产党员。"制动防滑技术"被评审为全国技术创新项目，在全国轨道交通建设中予以推广。还获授权专利 4 项，其中 PCT 国际专利 2 项、在核心期刊发表论文 1 篇、主持制定标准 1 项。

徐红星一家四口在市民中心读书学习

在徐红星不懈努力的同时，他的妻子张晓也在拼搏奋斗、不断进步，各方面的表现丝毫不亚于徐红星。张晓同样是在大学期间加入了党组织，并以机械电子工程学院年级第一的学分绩点被保送为南京林业大学研究生。在硕士阶段，她先后获得了"三好学生""优秀学生"称号，获得了教育部"硕士国家奖学金"荣誉奖励、江苏省教育厅"江苏省优秀硕士学术学位论文"奖励及"南京林业大学优秀硕士论文"奖励。参加工作后，在农业农村部南京农业机械化研究所从事植保施药技术研究与装备开发工作。张晓将所学所知充分应用到工作实践中，先后主持了江苏省"基于可控雾滴的农药减量高效施用技术研究及装备开发"重点研发计划项目、中国农科院基本科研业务费项目2项，参与了省部级以上项目10项；形成专利及软著26项，其中发明专利9项，授权实用新型专利15项，获软件著作权2件；发表论文25篇，其中SCI/EI 7篇、中文核心16篇；发布"开沟覆膜复式作业机技术规范"等团体标准2项，地方标准1项；"2F-40型悬挂式西甜瓜有机肥深施机"等5个科研项目获奖。为了进一步提高自己的专业能力，张晓还在职参加了全国博士统考，以专业总分第一的成绩考取了南京林业大学博士。

敢于担当　善战善成

勤于学习、善于思考、勇于探索、敢于实践，使徐红星拥有了精湛的专业技术水平，也拥有了敢于担当的胆略、勇于负责的智慧和善战善成的能力。

徐红星虽然是技术人员，但他始终秉持"技术驱动市场经营，技术引领市场经营"的理念，凭借自己的专业技术优势，尽最大可能地支持和投身到市场开拓和市场服务之中，为公司开拓市场、赢得信誉而不懈努力。近年来，在主持研究院日常工作和科技研发的同时，他先后为贵阳、安顺、营口、黄山、新疆、滁州、重庆、张家口、成都、巴西、天津、合肥、伊朗等13个市场项目提供技术方案和市场营销支持，努力在客户面前展示公司技术实力，宣传公司产品。他的沟通能力和专业技术水平，得到了客户"讲得透彻""说得清楚""听得明白"

的高度评价。

让徐红星尤为难忘的是贵阳3号线的市场支持工作。当时由于公司刚刚成立，既无产品也无业绩，难以得到客户的信任，经营工作面临着巨大压力。徐红星在了解到客户因车辆专业人员队伍暂未配置到位、工作开展受阻的情况后，主动与客户联系，发挥自身车辆专业领域技术优势，为他们提供技术培训，参与车辆招标文件的编制和评审，提供车辆设计技术支持，甚至一度成了他们的临时专业人员，使客户的工作得以正常开展。他以真诚的服务和精湛的技术，赢得了客户对公司的充分信任。

徐红星常说："市场的需求就是我们努力的方向。"他始终立足于市场的现实需求与未来需求，并无条件地以优质、迅速、周全、到位的研发工作，服务和满足市场需求。

2021年1月25日，市场经营人员获取了重要的海外市场项目信息——巴西福塔莱萨地铁项目需要采购36辆地铁车辆，投标时间为2月12号，也就是我国的大年初一。做方案、编制投标书的所有时间加起来只有仅仅17天，而且还要经过多轮的标前技术评审，时间太紧了。另外，研究院的同志多为外地员工，还要努力让他们能够回家过年。这种情况下，徐红星反复斟酌，做出了既能保证工作完成又能让外地同志回家过年的统筹安排。大家齐心协力，加班连点，常常工作到凌晨两三点，终于在2月8日完成了全部设计方案和投标文件的编制评审工作。面对着工作成果，大家说："最冷的是冬天的凌晨2点，最热的也是冬天的凌晨2点。"因为那段时间的凌晨2点，不仅是他们讨论问题最热烈的时刻，也是他们的工作激情最高涨的时刻。

任务圆满完成，大家都松了口气，外地的同志也可以返家过年了。

可是，10日晚上，徐红星接到市场部通知，国外发回来的澄清中需要补充提交详细的备品备件方案和报价。

听到这个消息，徐红星顿时就怔住了：同志们都回家了或正在返家的路上，这个方案如何做？明天就除夕了，这个方案怎么集中评审？但是，客户的需求是必须要满足的，绝对不能因为我们的工作影响到公司的经营。

他考虑来考虑去，便把家在南京的4位同事连夜集中到一家酒店，奋战整整一天一夜，完成了方案并进行了评审。此时，新年的春节联欢晚会也已接近尾声。

与丈夫一样，张晓持续深耕在国家植保机械重点领域，扎根于国家"三农"建设，常驻黑龙江、新疆等地的偏远农村，对植物害虫特性、药理作用、机械标定进行研究，在植保施药技术与装备的研究方面不断取得积极成果。她与同志们一道，研发了基于精准可控雾滴喷雾技术的智能对靶施药装备，实现了循迹自走与对靶精准喷雾作业；开展了农药雾化分散机制与参数优化研究，提高了农药载药体系雾化分散效率和向靶标冠层运行、分布性能，为实现化学农药减量施用提供了重要技术支撑。在耕整地方面，研制了偏置式果园松土锄草施肥装备，制定了相应作业技术规范，对于提高果园作业机械化程度、提高作业效率具有重要意义。

火车头　贴心人　榜样

孔子曰："其身正，不令而行；其身不正，虽令不从。"

中铁新型交通研究院有22名研究人员，平均年龄28岁。在这个充满青春活力与蓬勃朝气的团队里，正如同志们所言，徐红星以其"人品特别端正""思想过硬、品行过硬、作风过硬、技术过硬"赢得了大家的支持和信赖。许多人都由衷地说，徐红星"值得我们学习""是学习的榜样"。

俗话说："隔行如隔山。"但当公司党工委决定让徐红星兼任研究院党支部书记的时候，他毫不犹豫地就上任了，而且态度积极、充满热情、干劲十足。照他自己的话说就是，新时代的青年不仅要有干好专业工作的水平，还要有正确的思想意识、清醒的政治头脑，而从事党务工作会让自己在学习和工作的实践中，得到思想上的提升、政治上的历练，这对于自己更好地发挥党员作用和行政领导作用大有帮助。

为此，他以极高的热忱投入党支部的建设工作之中。在率先加强自身学习、不断提升自己的思想政治理论水平的同时，他带领支部班子，认真组织开展学习、教育、管理、培训、参观等活动，专题党课、主题党日、技术党课、红色教育既严肃又活泼，针对有轨电车设计制造存在的不足组织开展的"车辆方案优化设计党员突击队"行动成效显著，党支部战斗堡垒作用和党员先锋模范作用得到有效发挥。同时，他坚持加强研究院的思想、政治、文化建设，开展形势任务教育、廉洁从业教育，并认真学习践行"六廉"文化理念，从"善""能""敬""正""法""辨"各个方面去思考、去分析、去感悟、去实践，严于律己，慎微慎独，做到政治坚定、思想清醒、作风清廉、工作有为，处处以身作则，是研究院团队朝气蓬勃、精诚团结、积极向上、奋发有为的火车头。

经验不足是青年同志的技术短板。为了帮助大家提高业务水平，共同推进研究院的整体工作，徐红星不仅毫无保留地言传身教，而且识才用才，让每位同志发挥自己的特长，从事自己擅长的业务。他注重激发团队活力和创造力，常常结合研发实际组织集中研讨，强化和谐团队建设，集中集体智慧力量，实现共同提高进步和工作的优质高效。当同事的研发工作遇到问题、难题的时候，他都能够及时给予指导。在急难任务面前，他说得最多的话是"让我来"。

徐红星是公认的"顾家好男人"。但在工作面前，"事业第一、企业利益至上"永远是他的工作原则，他始终是舍小家顾大家的表率。

2022年8月14日周日中午，徐红星的儿子在家中玩耍时，不慎从沙发上摔下来，一只胳膊撑地导致骨折。胳膊固定后，吃饭、洗漱、穿衣都需要大人照顾。可这时徐红星却接到到长春出差的电话，他二话没说就将孩子交给母亲和妻子，周一一早就乘飞机前往长春。周三完成任务返回，打算请几天假照顾孩子，可路上他又接到通知，需立即前往成都进行一次重要的技术交流。他依旧是二话不说即刻赶往成都，并在酒店加班准备交流材料，成功地代表公司参与了技术交流。与他一同出差的同事竖着大拇指对他说："孩子胳膊都打夹板了，你都没请假，牛啊！"其实，同事的心里清楚得很，徐红星的心无时无刻不在牵挂着儿子的伤，只是在他的心里，工作比儿子的伤更重要。

徐红星关注关心同志们的思想、工作和生活，并充分考虑别人的感受，给予每个人以充分尊重。他平易近人、真诚亲切，是大家公认的贴心人，也是大家信赖的好书记，更是团队文明和谐、勠力同心、拼搏奋进的领头雁。

2022年10月的一天，合肥市个别地方发现了新冠病毒感染阳性病例，地方政府迅速采取了防控措施，下达了防控通知。此时正在外地出差的徐红星，一知道这事就立即在群里给同志们发来了信息，仔细叮嘱大家统筹好工作和生活，认真执行和落实好政府与公司的疫情防控工作安排，及时购置需要的生活用品，确保生命健康和工作顺利。同志们看到他的信息，当即就有人说："徐书记好心细、好暖人啊！"

传承培育好家风

祖辈希望徐红星成为具有"红星"一样品质的人，"一颗红心永向党"，徐红星为之自豪满怀，同时他深感责任重大。

徐红星说："家是最小国，国是最大家。我要将祖辈父辈对我的期望，在我的身上、在我们两口子身上认真践行，并要努力延续到我们的孩子身上，让红色的种子代代相传，长大后成为国家发展建设的栋梁。"为此，他和妻子张晓，无论是家里家外，始终坚守"干净正直做人、踏实正派做事"的人生原则，严格自律，身体力行。

参加工作以来，不论是做见习生还是任设计师，不论是担任主管、设计经理还是现在主持研究院工作，不论是对内还是对外，徐红星都始终做到自重、自省、自警、自励，以坚定的信念，遵纪守法、依规办事，坚持公道、主持正义，不搞歪门邪道，更不损公肥私。正如他所言："既然是一名党员，就应该有党员的样子；自己的一言一行，都应无愧于党员的称号。"妻子张晓任国家植保机械检测中心助理研究员，职责是为全国近千家植保机械单位做检测认证。这是个炙手可热的岗位，稍不注意就会经受不住诱惑，稍有不慎就有可能走向贪污堕落的道路。但是，她始终严于律己、公正无私、遵规守纪，决不动任何利用职务之便谋取私利的念头，也从不利用工作之便为亲朋好友谋利益，更不搞权钱交易。

同时，他们俩还高度重视家风建设，处处从自身做起，为孩子树立榜样。孝敬老人、关爱对方、和睦邻里、团结同志、遵规守纪，时时事事言传身教，以实际行动影响和培养孩子的健全人格和优良品行。

在孩子的教育培养上，他们俩始终坚持的原则是，不能娇不能宠，让孩子明是非知对错、自强自立、朴实善良，从小让孩子树立正确的人生观、价值观。在家中，他们始终坚持让孩子形成规矩意识、养成规矩习惯。比如，他们俩从不长时间把玩手机，坚持尽可能多地看书学习，给孩子做出好的榜样，并在家中为孩子购置适龄的读物，引导陪伴孩子读书。在各种问题上，夫妻二人始终保持观念一致、立场坚定，绝不放纵孩子的不当诉求和不良习惯。每当周休日，一旦有时间条件，坚持带孩子外出，特别是参观博物馆、展览馆、科技馆，接受红色教育，让孩子开阔眼界、增长知识，在街道的"廉政文化长廊"、社区的"红色书屋""廉洁读书角"，常常会看到他们一家四口的身影。徐红星经常给儿女讲述古今廉洁人物故事，引导教育孩子做廉洁正直的人。同时，夫妻二人始终保持锻炼身体的好习惯，并经常带领孩子进行体育活动，培养孩子强身健体的好习惯。他们努力地将自己的家打造成为积极向上、文明健康、和谐廉洁之家。两个孩子虽然还小（姐姐6岁、弟弟4岁），但从品德、性格等方面，已呈现出懂规矩、讲礼貌、爱劳动、不浪费、好读书、有爱心等良好品德的雏形，值得欣慰。

徐红星、张晓夫妇心地淳朴、乐于助人。他们热心公益事业，多次为灾区、困难群众捐款捐物。多次调解邻里、同事家庭矛盾，力所能及为他人排忧解难。他家的隔壁邻居，丈夫从事国际项目经常不在家，妻子在生产车间工作经常加班，奶奶在家照顾孩子，不免有这样那样的难事和难题。他们俩就经常前去看望，特别是对孩子的学习给予辅导。

如果邻居大人有事外出，孩子就放在他们家与他们的孩子一块儿看书、玩耍。周休日带儿女出去参观游玩，他们也常常带着邻居的孩子。他们俩的这些做法，对于两个孩子产生了直接的积极影响，孩子们相互关心、与人为善、和谐共处、团结协作，不仅让他们的家庭充满了爱心与活力，也让邻里充满了热情与友谊。

红星引领人生路。在努力学习、拼搏奋斗的过程中，徐红星和张晓夫妻二人，秉持"干净正直做人、踏实正派做事"的人生准则，一路心连心、肩并肩走来，不断成长、提高、进步，星光闪烁，硕果累累，家庭幸福，事业有成。有理由相信，在未来的人生旅途中，他们将会继续一如既往地走下去，走出更加稳健、更加精彩、更有作为、更有意义的人生之路。

大山里走出来的铿锵玫瑰

——廉正：中铁山桥魏明霞家庭

浩浩江河水，巍巍民族魂。历时八载，重重磨砺，终成大道！"千磨万击还坚劲"，映照她自强不息的进取精神；"仰不愧天，俯不愧人，内不愧心"，彰显她高尚坦荡的精神境界；"留取丹心照汗青""苟利国家生死以"，昭示她忠诚坚贞的理想信念！八年间，她始终以钢铁般的意志，坚持心之所向；以绣花般的细致，勾勒秀美画卷；以取经般的磨砺，不惧"142难"①的挑战，始终保持了砥砺前行的勇气、决心和毅力，在实践的熔炉里淬炼成钢，越干越会干、越干越能干，终于竖起了孟加拉国帕德玛这座"丰碑之桥"。

京山地处鄂中腹地，是中国农耕文化发祥地之一。然而只有大山深处里走出来的孩子才会记起那里曾经土地贫瘠，才能体会生活是多么不易。年轻时经历苦难是人生的一笔宝贵的财富，坚强的人用它动心忍性、磨炼意志。或许正是这种经历，才让性格坚毅的魏明霞在工程中总是能够百折不挠、踏石留痕。

---

① 帕德玛大桥建设过程中提炼总结的攻克的142项重大难题。

走出大山　美丽的花朵终于绽放

1973年1月，魏明霞出生在湖北省京山县雁门口镇台岭村一户普通的农民家庭。家中姐弟三人，她排行老二，父母均是农民，但幸运的是，在那个只能维持基本温饱的艰苦年代，父母均具备高小文化。父亲家族人丁单薄，父亲很早就开始干农活，是一位老实本分的农民；母亲虽然年幼时家境殷实，但在成长过程中经历了家庭的变故，过早地体验了人世的艰辛。母亲出身富农，父亲出身贫农，他们的结合是一种彼此需求的互补，两口子感情深厚，魏明霞生活在一个充满了爱的家庭。

母亲虽然饱经生活的困难，但她始终坚信"读书有用""国家需要有文化的人"。母亲常对孩子们说："只要你们想读书、有书读，哪怕是我和你爸去要饭，也要供你们读下去。"父母也从不重男轻女，在教育上一视同仁。父亲相对母亲更多的是默默地付出，用自己的勤劳与智慧竭尽所能地营造舒适温馨的家。孩子们都上学了，孩子们的学习成绩成了父母的骄傲，父亲的干劲更足了。农闲时间当左邻右舍在玩麻将的时候，父亲还在想着法地打短工挣钱，10块、20块，积少成多。别人都说他是老黄牛，他却说："看着这三个孩子，将来肯定有出息，我是越干越有劲。"

家里孩子多，衣食住行比较简朴，但父母一直特别的乐观，凡事总看好的一面，夫妻恩爱笑着面对困难。孩子们也懂事，铆足了劲地读书，用成绩给父母增光，为父母赢得尊重。村头的校长一家对人友善，平日里更是对姐弟仨人多加照拂，正是有了校长一家人精神上的支持，哪怕有再多的困苦，都不值得为之难过。魏明霞回想过去，觉得自己

魏明霞工作照

非常幸运，遇到了明理智慧的父母、聪明友善的姐弟、和蔼可亲的老师，以及在他们生活最困难的时候伸出援手的生产队队长。年幼善良的姐弟三人并没有因为生活中的艰难困苦而生出丝毫的怨恨，相反，生活中的苦磨砺出了他们一颗颗拼搏向上的心！三个孩子中，魏明霞学习最为刻苦，第一个到学校，最后一个放学回家，在家帮衬父母的间隙，从不忘记学习。她始终坚信知识改变命运，智慧谱写人生，她要努力学习，要改变这一切，走出大山，去感受外面的世界！

　　言之易，行之难。在那个年代，农村比较传统，女孩子读书是很困难的事，村里人总觉得女孩子读书没用，反正也读不出什么名堂，早晚都要嫁作人妇、生儿育女。魏明霞幼时便生得娇俏可爱，更是早早地被相中，与同村一个根正苗红的男娃结下了"娃娃亲"。男娃叫游其军，爷爷是参加过抗美援朝战役的老兵，两家相约待到孩子们长大成人便成就一桩喜事。日子一天天过去，魏明霞以优异的成绩考上了县一中，她的"未婚夫"游其军成绩也不差，但游其军最终未能考上大学，继承家志奔赴遥远的北方——北戴河当兵去了。

魏明霞在数理化学习方面有着极高的天赋。那个年代没有网络通信，村里人文化程度普遍都不高，填报志愿的时候鲜有人能指导，只能根据学校里张贴的海报作选择。父母亲友的认知局限没有绊住魏明霞奔向光明未来的脚步，在课文里学到的伟大工程师詹天佑是这个农村姑娘的偶像，身材娇小的她紧捯脚步追寻着成为一名工程师的梦想！

1992 年高考，数学满分 120，她考了 115，物理、化学满分 100，她物理成绩 96，化学成绩 88，顺利考入第一志愿西南交通大学土木工程系桥梁专业，不仅为父母增光，更是村里天之骄子一般的存在。从偏僻落后的农村来到天府之国求学，是魏明霞从前未敢想象的，她对未来充满了希望。

修成正果　用坚毅托起"希望之桥"

大学四年，魏明霞如饥似渴地学习，拼命地要做到更好、更强一点……学习这件事，不是只要刻苦就可以的，更多的是出于热爱。她热爱学习、热爱她的专业，她朝着工程师的梦想拼搏，她想站得更高、看得更远。直到毕业那一刻，难题摆在了两个年轻而热烈的青年面前，一份来自山海关桥梁厂（即中铁山桥集团有限公司）的邀约函让魏明霞犯了难。四年间，她孤身一人在四川求学，唯一能让她感到慰藉的是一封封往来于北戴河的情书。

游其军在一次回乡探亲时，重逢了小时候与自己订了"娃娃亲"的"未婚妻"，一个娇小可爱、朝气蓬勃的女大学生，一时间，惊喜、局促、紧张被揉成一团塞满了游其军的心，这样优秀耀眼的小丫头真能跟自己走到一起吗？毕竟现在她长大了，渐渐明白为什么人们说起"娃娃亲"是怎样地嗤之以鼻，这是封建糟粕，没有法律支持。虽说年幼时两家约定，但如今情况大不相同了，游其军心里是没底的。离家后便每星期写一封信，从一开始小心翼翼地试探，到放胆追求。所幸答案是皆大欢喜的，原来魏明霞心里也是中意游其军的，那时的游其军在她眼中是英俊挺拔、正直硬朗的兵哥哥。然而靠书信维系的感情能走多远，谁也没有答案。当时，魏明霞有机会选择去其他更有利于自己发展的单位，但她最终还是放弃了，义无反顾地来到了山海关桥梁厂。她想，百年山桥，创造了一个又一个辉煌，无比深厚的底蕴，一代代人的努力奋斗，必将有一个可以施展才华而又更加宽广的舞台，自己还年轻，只要足够努力，未来总会有机会，何况还有一位意中人，一定得牢牢把握。

　　就这样，她来到山海关工作，山海关桥梁厂成了她人生的一个全新起点。当时的山桥厂，工作、生活环境远不及大学校园，这个南方姑娘有点失落，南北方饮食、生活习惯的差异加剧了这种失落，她内心不是没有质疑过，这样的选择是对的吗？游其军也明白，但他什么也没说，只是默默地陪着她、开解她，一有时间就带她一点点熟悉这座北方小城。渐渐地，魏明霞安了心，喜欢上了这个海边的城市，开始专注于提升工作本领，跟着厂里的前辈从车间最基础的放样工序学起。"为山者，基于一篑之土，以成千丈之峭；凿井者，起于三寸之坎，以就万仞之深。"她能取得今天的成绩，离不开她对知识的渴望，始终如一地汲取营养，带过她的前辈们都对她十分满意。"性格爽朗、踏实肯学，下现场、钻梁段，像个'假小子'；不怕脏不怕累，脑瓜子灵，底子好、有韧劲，工作上有什么困难都是一点就通。"师傅们的指导和帮助使魏明霞的技术能力得到了极大提高，更给她带来了极强的自信，她觉得自己离一名合格的工程师越来越近。事业与日俱进，生活也没有落下，工作满一年时，她跟游其军决定在离老家千里之外的山海关建立一个全新的小家，两个人这段曾经不被看好的"娃娃亲"竟结出了正果。

　　进入山桥厂的第二年，魏明霞完成了大学生到技术员的转变。1997年，魏明霞又拥有了一个新的身份——母亲。每每谈及她的女儿，骄傲和开心甚至要沿着她的眉梢眼角飞出来。这个新降临的小生命，给她带来的勇气和力量仿佛是无穷尽的。工作越干越有劲，越干越能找准方向，人生有了新的目标，她愈发努力地工作，在一个个国内外项目中刻苦钻研，抓住一切机会提高自己的技术水平。因工作性质，她经常需要出差。一旦魏明霞出差，还没上幼儿园的女儿只好跟着爸爸到部队，白天爸爸去上班，只能拜托战友家属帮忙照看。有一次，魏明霞为了配合出口缅甸拆装式公路钢桥的出口报关工作，去天津塘沽口岸出差半个多月。完成了工作任务后，离家太久的她心里牵挂女儿，回程便直接到北戴河部队家属大院去接女儿。当时已是凌晨，游其军临时有事被部队叫走了，孩子一个人被留在屋里睡觉，醒来没有看到爸爸，就自己光着脚走出屋找爸爸。魏明霞刚进家属院就看到了光着脚、衣服单薄、手扶栅栏的女儿。孩子看见妈妈先是愣神了好一会儿，听见妈妈的呼唤才"哇"地大哭。多年过去了，魏明霞提起此事还是心有愧疚，觉得对不住女儿。缘何母爱常常被人称颂伟大？一个女人一旦成为母亲，天性使然，她的一切从此都以孩子为中心，孩子的一举一动都牵动着她的心。彼时魏明霞是母亲，更是一名工程师，有自己的责任和担当。也时常有人问她，总是往外跑，老公孩子咋办？如何平衡家庭与事业是人们总爱强加给女性的伪命题，无论男女，精力都是有限的，家庭和事业自然没法兼顾。魏明霞能一心扑在工作上，离不开孩子的自立与懂事，以及丈夫的理解与支持。

  帕德玛大桥项目前期筹备时，魏明霞在武汉出差，错过了女儿的中考，成绩出来的前一天她才赶到家，所幸女儿争气，考上了石家庄二中实验高中。项目部成立前，魏明霞是海外项目结构室的主任，由于她海外项目经验丰富、技术过硬，被举荐担任项目总工程师。领导们十分认可，魏明霞心里也很激动，帕德玛大桥是"一带一路"倡议的重要交通支点工程，对她来说既是机遇也是挑战。她对自己说："一定得好好把握这样难得的机会。"可转念一想，这个项目要离家多年，无论作为女儿、妻子还是母亲，都有太多太多的不放心。回到家跟丈夫、女儿商量，丈夫游其军本身就是一名心系群众、无私奉献的人民警察，向来无条件支持妻子的工作，并且劝慰她双方老人身体尚都康健，生活清静安宁，更何况有兄弟姐妹帮衬，让魏明霞放开手脚去闯荡。但魏明霞最放心不下的还是刚上高中的女儿，尽管一直以来魏明霞坚信教育孩子的目的是让她养成用自己的头脑来想、用自己的眼睛来看、用自己的手来做的习惯，言传身教，孩子也形成了良好的学习习惯和独立自强的能力。可高中三年在一个孩子的一生中有多重的分量，魏明霞再清楚不过了，她自己本就是靠读书从农村"跳龙门"出来的，并且从小到大，女儿的学习、功课都是她辅导的。母女俩心意相通，女儿拿一道题来问，魏明霞只扫一眼就知道孩子哪里不会，三句两句就能讲通,可以说是孩子的半个老师,一旦她出国去干项目,女儿几乎就全靠她自己了。在这样的节骨眼上,一边是光荣艰巨的事业,一边是女儿的学业,她无论如何也不能不慎重。但女儿叫她不要担心自己,她说:"妈妈,你做好你的工作,我读好我的书,爸爸守好我们的家,我们各自做好各自的事。"听了女儿的话,魏明霞更加坚定了自己的决定,她要再次走出去,走出国门,展现中国女工程师的才华和风采。就这样,在女儿和丈夫的支持下,魏明霞义无反顾地跨出国门,来到孟加拉国帕德玛河畔。一家三口开始了三地分居,互相鼓励着一起走过那段奔波的年月。

八年坚守　用双肩架起"梦想之桥"

孟加拉国蔚蓝色的天空中白云朵朵,阳光从云的缝隙挤下来,热烈地将它的温度覆在帕德玛河畔工人们的身上。高温下忙碌着架装桥梁桁架的人们没有注意,不远处滚滚而来的乌云正压上头顶,倏地雷电交加,大雨倾盆,狂风裹着冰雹劈头盖脸地砸下来,使人们猝不及防、四下躲避,过了一会便又放晴,人们再陆续回到岗位上去。中国人常说,"六月的天,像小孩的脸,说变就变",在孟加拉国这样"无常"的天气可不仅仅出现在 6 月,那里总是一会儿晴一会儿雨,驻守建设工地八年,魏明霞早已习以为常。

2015 年 3 月,魏明霞经过四五个小时的漫长通关,终于从孟加拉国首都达卡的机场出来,孟加拉国首都机场竟比 20 世纪七八十年代的中国县城火车站好不到哪儿去,机场外人群熙熙攘攘,人们身上的衣服也看上去很破旧过时,围栏外三蹦子、旅店拉客的嘈杂声不绝于耳。

尽管建设营地离达卡大约 40 千米，但由于路窄车多，开车需要两三个小时才能抵达。由中铁大桥局指挥部和其他十几家分包单位组成的项目营地就建在帕德玛河边上，等车子来到建设营地，魏明霞心里"咯噔"一下，她不是没想象过这儿的艰苦，但实际情况比想象的还要糟糕得多。入眼是一片荒芜，车开不进去，只能走过去，刚下车脚一落地就"噗"地扬起一团灰尘，等走到活动板房，不到 50 米的距离，两条裤腿已经全是灰了。活动板房里只有一张床，是来打前站的两名男同事给提前准备的，且营地当时还没有水、没通电、没有厕所。

三月的孟加拉国白天已经达到 34℃ 的高温了，即便是夜里，空气仍旧闷热得像冒白烟的蒸锅。好不容易想办法搞来点水，男人们站在院子里把水往身上一浇，胡乱划拉两下了事。上厕所就去营地外面草地解决，那里的草长得比人还高。魏明霞是营地里唯一的女性，尽管大家关照，也实在有诸多不便，难以言说。

生活不是过家家，随时可以喊停，再难也只能硬着头皮挺下去，坚持就是胜利。项目施工前期，算上魏明霞只有 6 个人，项目经理李世斌带着大家每天忙碌着搭建生活和办公用房，打井取水，要先把基础生活设施置办齐全。营地院里院外一开始净是荒地，旱季一走一过就漫天尘土飞扬，下了雨就满院子泥汤。大家几番探究，最终决定在院里铺上一层红砖。红砖自然没有水泥好，容易积水生虫，可水泥在孟加拉国需要进口，稀罕且昂贵。雇来几名孟加拉国的工人在院里开始铺砖。见工人们都在忙活着先铺住房前的地面，魏明霞想，得要铺一条砖路到外面车进不来的地方，方便大家进出，为了不耽误铺设进程，她就自己动手一块一块铺起来。等出去采办物资的同事们回来，从车上往下搬东西时，眼前一条红红的砖路一直从停车的路边蔓延到院子里，院子里晒着大伙儿的床单、被罩，因为没电自然也没有洗衣机，是魏明霞一点一点用手搓洗出来的。那条小砖路虽然只有半米来宽，但却让大伙儿心里生出一股子到家了的温馨，再也不用深一脚浅一脚地踩在尘土飞扬的荒地上了。

没多久，营地里置办了一台小型发电机，有了电才终于打了口水井，虽然只有十来米。孟加拉国是恒河与布拉马普特拉河（中国境内的雅鲁藏布江）冲击而成的河流三角洲，国土的大部分低于海拔12米，很容易打口井出来，但井水中的砷污染极为严重。加上地表水中铁、锰等重金属超标，喝肯定是喝不了的，只能拿来洗澡、拖地。洗澡的时候，水从井里打上来就要抓紧往身上倒，不然没多一会儿水就变黑了。长期用这种被污染的水洗澡，加上天气高温潮湿、蚊虫肆虐，大家的手上、脚上都起了一片一片的红疹子，尤其是夜里，痒得人翻来覆去地睡不着。然而孟加拉国的医疗条件差，那里的医护人员专业水平很低，一些常用药品有时也供应不足，第一次去大家准备不充分，除了硬扛别无他法。

在常年的河水冲刷下，孟加拉国的土地极为松软，厂房前期建设有很大风险。在拼装场基础建设期间，公司本部技术部门前期技术准备工作刚刚起步，一系列的现场技术难题更多的还要靠项目部自行解决。作为项目总工也是驻工地的唯一技术人员，魏明霞责无旁贷，天天扎在基建现场，一个汗珠摔八瓣儿，每天晒得脸上、手臂上红彤彤的，像煮熟的螃蟹，在技术部、业主、监理、设计公司这四方之间来回协调沟通，反复论证，最终得以解决问题。等厂房和6条生产线建好了，原本白净的皮肤变得像孟加拉国人似的黝黑发亮。虽然厂房顺利建起来了，但魏明霞始终揪着一颗心，生怕土地硬化不够，胎架、存梁出现塌陷等。直到首制件验收通过时，她才舒了一口气，事实证明他们干对了。

  作为项目总工、一名工程技术人员，魏明霞深刻领会"技术是第一生产力"，项目建设的所有工作中，技术工作排在第一位。魏明霞性格爽朗，工作思路尤其开阔，很多时候不拘泥于常规，解决问题能力特别强，执行力更是令人叹服。其中，支座处大下弦节点的窄空间熔透焊方案的论证与确定、支座处大下弦节点 100 毫米厚底板平面度不能满足支座均匀受力要求问题的解决、过焊孔封堵方式的设计与审批、铁路纵梁原材料缺陷修补方案的确定、永久人孔处水密门的设计、桥位合龙口精确、合龙纠偏设计等，这些方案的确定以及设计的完成，体现出帕德玛桥钢结构项目总工的技术水平与严谨细致，提升了百年山桥品牌形象，使项目开工申请顺利得以批准，确保了后续生产的有序推进。

  随着工程的推进，一个个技术难题接踵而至，魏明霞全面负责项目现场的图纸设计、测量、试验、施工、质量管理等工作。根据生产实际需要，优化技术工艺，调整工艺布局，改进施工方案等近百项任务，攻克了大跨度超厚板全焊接公铁两用连续钢桁梁桥整体 3D 拼装这一世界级难题，不断钻研，反复实践，与国际对标，不断提升拼装组焊工艺质量，带领团队发表论文 12 篇，取得专利 8 项。忙的时候，她一天处理的邮件高达上百封，沟通解决十几个重大技术问题，面对每周三次大型生产例会，常常与监理们讨论到深夜。在这样高强度的工作下，她个人的技术水平突飞猛进，更为项目建设创下了"帕德玛速度"。

  克服了前期的重重困难，项目生产逐渐捋顺。这天夜里大约十点多，魏明霞结束一天的工作，已经沉沉睡去。营地里忽然不知道从哪儿刮起了一阵"妖风"，没有任何预兆，咆哮着以迅雷不及掩耳之势席卷了一片活动板房,"轰隆隆"仿佛大厦倾倒的巨大声响让魏明霞从睡梦中惊醒,她坐起来仔细听的时候,外面突然又平静下来了,好像刚才的巨响只是一场噩梦。后来才得知,这是一种名为飑线风的灾害性气象,从营地掠过时,将附近一个项目部的活动板房全部掀倒了,甚至有人来不及逃出被压在了倒塌的活动板房下面,索性救援及时,没有生命危险,但回想起来仍不免有些后怕。在孟加拉国这样的灾害每年都会发生几次。在气象上,飑线是指范围小、生命史短、气压和风发生突变的狭窄强对流天气带,最大风速可达 40 米 / 秒,相当于 13 级以上风力,强劲的飑线风影响大多不到一个小时,就像你走着走着突然被撞晕了,等反应过来,飑线风已经过去了。整个项目不知受飑线风的侵害多少次,但没有过不去的坎儿,没有过不了的河,被风掀翻了爬起来继续奋斗,只有不断奋斗,胜利就是你的。

2017 年,项目进展过半,魏明霞开始总结技术成果,三年来,个人完成并发表论文 4 篇,带领技术组发表论文 12 篇,申报专利 8 项。"大跨度全焊接公铁两用连续钢桁梁桥整跨制造技术"成为中国中铁的科研课题,而她,成了硕果累累的"专家级"工程师。同时,她还获得"中铁山桥优秀共产党员""秦皇岛市五一巾帼建功标兵""中国中铁先进女职工""秦皇岛市巾帼标兵"和"2015—2019 年度秦皇岛市劳动模范"等荣誉称号。

家风谨然　用理解搭起"和谐之桥"

帕德玛大桥项目建设之艰难,寥寥数语道不尽。魏明霞和所有的建设者们一样,"愿持如石心,为国作坚壁"。在异国他乡桥梁施工

大山里走出来的铿锵玫瑰 | 143

魏明霞一家三口

一线一守就是八年，她错过了女儿的高中时期，在高考考场外焦急等待的身影里也没有她；婆婆突发脑出血住在重症监护室半个多月，只能让丈夫游其军一个人去陪护。还有那些数不清的艰辛酸楚，到现在都已经变得模糊，是女儿和丈夫陪伴她度过无数个泪眼婆娑的夜晚，给了她坚持下去的力量。

女儿到外地就读高中是第一次离开家，没有了家人、朋友的陪伴，陌生的环境、激烈的竞争，无疑令孩子压力倍增。学校平日里不准使用手机，每间宿舍里只有一台能打不能接的固定电话，同屋的四个孩子每天只能利用晚自习后的不到半个小时轮流给家里打电话倾诉心声。尽管女儿像魏明霞一样自信、阳光，一张笑盈盈的小脸，总是让人也不自觉地露出微笑，但十几岁的孩子跟大人一样也会有敏感、脆弱的时候。女儿给魏明霞打电话的时候总是有说不完的话，有时候压力大、心情不好，魏明霞总是耐心地倾听，想着要怎么安慰，可往往话还没说出口，电话那边就匆忙挂断了。因为宿舍里的同学都盼着这几分钟跟家人倾诉，获得一些安慰与支持，谁也不能自私地占着电话一直说。还有时候女儿在学校受了委屈，一打电话来，什么话都没说就开始大哭，那哭声真叫人心碎。一瞬间，魏明霞慌乱无措，她迫切地想知道发生了什么事，她想紧紧抱住女儿为她擦掉眼泪，告诉她不管怎么样都有妈妈在，没事的，可自己身在遥远的孟加拉国，什么都做不到，那些来不及说出口的安慰的话让她觉得愈发无力和痛苦。每每跟女儿通话之后，魏明霞都要再给丈夫游其军打电话，说着说着自己也忍不住啜泣起来，她埋怨、质疑自己，在女儿人生如此重要的时刻选择来到孟加拉国，错失了陪伴她的机会，真的值得吗？可自己肩负着帕德玛大桥建设的重要使命，开弓没有回头箭，再多的困难也要坚持下去。作家刘墉写过一段很戳心的话："老人的心，总是那么矛盾。我希望看见小鸟在空中飞翔的影子，又希望它能成为翱翔九万里的大鹏。我渴望孩子回家，孩子走到我们的前面，我们这些老人家拼命地赶，也只能看见他们的后脑勺。"人这一生，父母和子女的缘分，其实只是一场目送，女儿和丈夫，也有各自不同的路要走。人们论及爱情时常说"两情若是久长时，又岂在朝朝暮暮"，亲情亦是如此，一家三口靠着几分钟电话的只言片语，传递着彼此的爱意与支持，家人总是魏明霞坚持在孟加拉国工作的坚强后盾。

  2018年，在女儿大一暑假期间，魏明霞决定带着她到帕德玛大桥建设营地进行一次工地实习。因为女儿大学也跟她一样读的土木工程专业，这是一次难得的机会，让女儿能够深入了解桥梁建设是怎么回事儿。在工地上，女儿跟着魏明霞顶着近40℃的高温下现场，认识了焊接设备、浮吊"天一号"、预应力混凝土结构等诸多在书本上学不到的东西。一开始接触这些实际工作，女儿感到很新鲜，但仅仅有丰富的体验是不够的，还必须学会思考。经过一段时间的学习，在魏明霞的指导下，有一定专业基础的女儿也很快能看懂工艺图纸，并能很好地协助魏明霞完成一些日常的统计工作。女儿不仅从自己的体验中获取经验、学习知识、掌握技能，更切身感受到母亲一个人在异国他乡的不易，理解母亲对帕德玛大桥项目的辛勤付出。这是多么壮丽的事业，她由衷地感到骄傲！有了这次经历，女儿更加坚定地确定了努力方向。回学校后选修第二专业日语，并顺利通过日语能力测试（N2）。大二暑假期间，她只身前往日本东京、京都、大阪等地游学12天，锻炼自己的独立能力以及勇敢闯世界的魄力。毕业之际，被河北工业大学评为2021届外国语学院双学位辅修"学业优秀毕业生"。目前，女儿已踏上新的求学之路，前往英国伯明翰大学工程管理专业深造。

　　2019年年底，是帕德玛大桥项目生产工期尤其紧张的时刻，当时要求项目到2020年上半年全面完工，这导致很多人春节期间都不能回家探亲。得知这个消息，大伙儿一个个像漏了气的皮球，过年是中国人基因里的执念，忙活了一年，就盼着一大家子人开开心心地聚在一起。可到了项目收尾的关键时期，总不能为了回家过年而耽误工期。得知这个消息的时候，丈夫游其军郁闷了好几天，魏明霞在电话里就能听出来。游其军微信里关注的内容不多，中铁山桥的公众号是他最常翻阅的，每看到一篇关于帕德玛大桥的文章，他就赶快翻看、转发，好像这样热切的期盼可以加快项目的完工似的，有时发完了还自嘲地笑笑，可下一次还是这样盼望着。

　　最终几经沟通，公司批准家属到孟加拉国探望。魏明霞忙把这个好消息电话通知了丈夫，游其军一下子觉得天又放晴了。作为国家公职人员，游其军的护照和签证办理流程要相对复杂一些，为了能在春节前赶到孟加拉国，他紧锣密鼓地开始筹备，知道爱人在孟加拉国的条件艰苦，还要多给她带点儿吃的、用的。探亲家属一行到达孟加拉国帕德玛大桥项目部的时候已是农历腊月二十七的晚上，担心丈夫水土不服，魏明霞悉心准备，还下厨炒了两个菜，迎接丈夫的到来。这段时间，除了过年聚餐和一些集体活动的时候，两口子总是喜欢到处走走，去大桥建设现场、周边的村落、市场……游其军也切切实实地体验了爱人的工地生活。对于他们两口子来说，相聚的时光总是短暂的，忙忙碌碌地，几天时间眨眼就过去了，彼时武汉暴发新冠疫情，初五家属们就要启程回国。临走的前一天晚上，游其军面色凝重，两条眉毛快拧在一起了，也不说话，魏明霞见状问他怎么了。没想到游其军脸色变了又变，话还没说眼眶先湿了，声音有些哽咽："明天我就走了，要把你一个人留在这地方……"人们很难设身处地去理解他人经历的苦难，别人的痛苦只像个小水洼，他看见了，知道那是什么，但不知道那有多深。身在其中的人，所受的煎熬，他根本无法完全体会。能够说出来的委屈，都不算是委屈，真正的委屈，真正的苦，真正的痛，说不清，道不明，只能一辈子烂在肚子里。游其军回想起那些爱人哭着给他打电话的夜晚，突然有些恍惚，她一会儿是初见时那个娇小可爱、总是笑呵呵的小丫头；一会儿是那个刮风下雪的夜里，背影有些臃肿、笨拙地用自行车推着高烧不退的女儿去打针的小个子女人；一会又是被晒得黝黑咧嘴一笑露出两排大白牙的"孟加拉国人"……他想，魏明霞可真坚强啊！她那么骄傲倔强，即便受尽苦楚，失声痛哭，也断然不会做出一副怯懦柔弱的模样。

自从新冠疫情暴发后，帕德玛大桥项目部回国休探亲假很难落实，一年回家一趟都成了奢望。2021年年底，魏明霞好不容易有机会回国休假一次，原本一家人欢欢喜喜地准备团聚，如有可能还可以回湖北老家看望双方年迈的父母。2021年12月21日，河北省公安厅交警总队发出通知从石家庄、保定、廊坊、承德、唐山和秦皇岛六市挑选优秀人员组建援冬奥抵离转场工作队，支援2022年北京冬奥会张家口赛区。拥有军人和警察双重身份的游其军是体育迷、马拉松爱好者，更具有奥运情结。2008年北京奥运会时就因转业在家待分配而失去参加奥运安保的机会，他遗憾好几年，此次有机会参加冬奥安保，正好可以圆奥运安保梦。但他又怕爱人魏明霞不同意，毕竟她已经有近一年没回过家了，好不容易有机会回国休假（注：2021年12月16日凌晨魏明霞乘坐南航班机由广州入境，按照疫情防控要求需在广州隔离观察 21 天、秦皇岛隔离观察 7 天，2022 年 1 月 14 日晚才能回家），一家人可以团聚过一个温馨的春节。当游其军怀着忐忑不安的心情征求爱人意见时，没想到魏明霞大度地说："北京冬奥会是国家大事，参加冬奥安保百年难遇，去圆你的奥运梦吧，再说冬奥安保也不是谁想去就能去的。你支持我投身'一带一路'建设，我更应该支持你参加冬奥安保，增加生活阅历，丰富工作履历。不要担心我，这次休假不能团聚，下次休假可以弥补，冬奥安保错过了，你这一辈子可能就没机会圆这个梦了，我和女儿都支持你！"得到爱人的理解支持后，游其军积极报名参加冬奥安保，并顺利成为 2022 年北京冬奥会张家口赛区抵离转场工作队的一员。

当时已收到英国伯明翰大学硕士研究生录取通知书的女儿说："妈妈投身'一带一路'海外建设一去就是 7 年多，去时我刚念高一，现在我大学都毕业了，你还没有回国。这好不容易有机会回国休假，一家人可以过一个团圆欢乐的春节，爸爸又逆行出征去参加冬奥安保。'一带一路'和北京冬奥会都是习近平总书记亲自谋划亲自部署亲自推动的大事！你们俩都是习近平总书记的好战士，我为你俩点赞，祝愿你俩在各自的工作岗位上建功立业，比翼齐飞！长大后我也要成为你们，以你们为榜样，向你们学习，为祖国建设增砖添瓦！"

整个冬奥会和冬残奥会的交通安保中，游其军主要负责奥运官员、教练员、裁判员、各种技术官员和运动员等各路贵宾来中国参加冬奥会和冬残奥会的抵离接送工作。在长达 71 天的冬奥会、冬残奥会安保期间，游其军和同事们克服天气严寒、水土不服、疫情严酷等诸多不利因素，几乎天天披星戴月，在首都机场至张家口崇礼赛区的高速上往返驱驰，圆满完成了指挥部下达的张家口赛区冬奥会、冬残奥会安保工作以及各项交通安保抵离接送任务，赢得了张家口赛区安保指挥部的一致好评和高度赞扬，展示了秦皇岛市交警的过硬素质和良好形象，最后被河北省公安厅交通警察总队荣记个人二等功一次。实现了奥运安保梦的游其军回到家，一进门就紧紧地拥抱住爱人，什么话都不需要说，千言万语都通过这一个热情而温暖的拥抱讲清楚了。

2022年6月21日，帕德玛大桥通车了！魏明霞说："我作为大桥的建设者，心潮澎湃，为之光荣！"

历时八载，重重磨砺，终成大道！在过去八年里，中铁山桥建设者始终以钢铁般的意志，坚持心之所向；以绣花般的细致，勾勒秀美画卷；以取经般的磨砺，不惧"142难"的挑战，始终保持了砥砺前行的勇气、决心和毅力，竖起了这座"丰碑之桥"。

"过去八年，我们充分发挥科技创新在项目建设中的支撑作用，建设起这座'创新之桥'；过去八年，我们始终践行'人类命运共同体'理念，建立起与孟加拉国人民之间的'友谊之桥'。风雨之后见彩虹，坎坷踏平成大道，在帕德玛的经历是我一生的财富，不管以后我身处何方，我都会因在帕德玛奋斗过而自豪。"魏明霞深情地说。

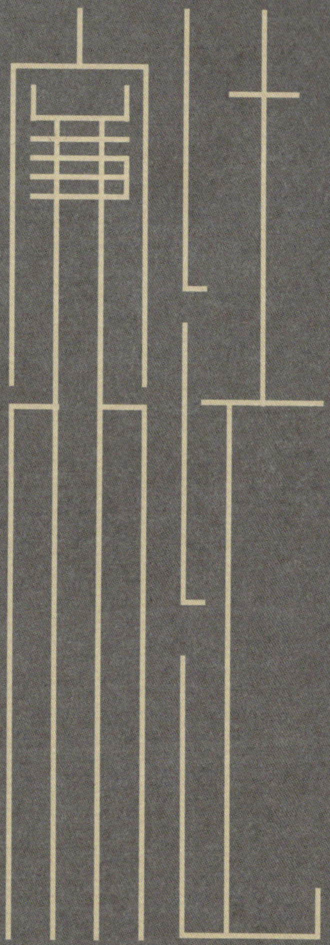

安全生产的"守护神"

——廉法:中铁九桥汪堃家庭

他恪尽职守、勤勉敬业,用三十余年安全"零事故"助力企业行稳致远;他大爱无疆、美德永存,捐献造血干细胞、淋巴细胞两度救助同一白血病患者。三十余年初心不改,他矢志守护企业的安全生产;三十余年善心善行,他无悔践行"救人救到底"的承诺。他们在不同的工作岗位辛勤筑梦,以"安全"作情感联系的纽带,以"安全"呵护万千生命,以"安全"护航企业高质量发展。

"认认真真做事,平平凡凡做人",这一句朴实无华的感悟是他在平凡岗位上书写不平凡人生华章的座右铭。

"没有问题,我就算少活几年也要救助他",这一声铿锵有力的回应是他对素未谋面的患者作出的无悔承诺。

他就是中铁九桥安全员汪堃。汪堃出生于1968年,是土生土长的江西九江人,1989年8月加入中铁九桥从事一线桥梁安全管理工作。如今50多岁的他先后参与过帕德玛大桥、九江长江大桥、重庆红岩村嘉陵江大桥等10余项国家重点工程的建设。因长期辗转在各个项目工地,汪堃的皮肤比平常人多几分黝黑,长期的操劳也使得他头发有一半都花白了。他憨厚朴实、谦逊善良,笑起来像一位老大哥一样和蔼可亲。

工作时的他，一丝不苟，在同事眼中"有点轴"；因长期在外面奔波，很少顾及家庭，妻子"埋怨"他"爱工作胜过爱家庭"，但还是全力以赴地支持他。工作之余，他积极参与社会公益事业，先后两度救助同一患者，是患者口中的"好心人"。

结缘九桥　学法知法

作为一家因桥而生、因桥而兴的桥梁建造企业，中铁九桥有许多的桥二代、桥三代，汪堃就是典型的桥二代。

中铁九桥坐落于江西九江——一座有着2200多年历史的江南名城，号称"三江之口，七省通衢"与"天下眉目之地"，有"江西北大门"之称。重要的地理位置使得它的交通备受关注。

在九江，提起九江长江大桥，对于当地的老百姓来说，几乎是无人不知、无人不晓，而对于中铁九桥人来说，它更是一种情怀、一个根源。

1971年，交通部决定兴建九江长江大桥，以备战时之用。周恩来总理对九江长江大桥的建设给予了极大的关怀，明确指示九江长江大桥要建"桥头堡"。

1971年9月17日，为有效配合即将开工的九江长江大桥施工建设，交通部大桥工程局决定在九江成立交通部大桥工程局船舶大队（中铁九桥前身），吹响集结号，把分散在国内各大江大河、海域上的施工船舶集中管理，统一调配，利用九江长江航道的优势，建成船舶管理修造的"集结地"。

1971年12月19日，"先遣队"在芦苇丛生的滩涂中迅速割开一条通道，在荒山中动土开工。没有领导，没有剪彩，没有战前动员，几名从朝鲜战场退役的老兵组成的"先遣队"在江西这片红土地上扎下了根。"先遣队"成员中，就有汪堃的父亲汪大汉。由于父亲是一名船舶管理员，汪堃很小的时候就跟随父亲生活在船上。看着父亲和其他"先遣队"成员昼夜奋战，不怕苦不怕累，开通道、平土地……，汪堃幼小的心灵深受震撼。汪堃的父亲常常会向他讲述"先遣队"成员的故事，以及参建九江长江大桥的"苦"与"乐"。不知从何时起，一颗长大后要投身中国桥梁建设的伟大梦想的种子悄悄埋进了这个少年的心里。

1989 年，21 岁的汪堃毕业后如愿来到铁道部大桥工程局船舶管理处（中铁九桥前身）。在工作岗位上，他恪尽职守，勤勉敬业，认真学习并遵守各类起重作业相关法律、制度、操作规程，不断磨炼并提高自身的技能水平。在担任起重指挥的 20 年间，他始终将安全放在第一位，让每次作业都能平安完成，其间从未发生一起安全事故。

有一次，汪堃在担任起重指挥时，突然听到旁边的工作区域传来"哐当"一声响。他紧张地跑过去一看，原来是一名工友因未规范佩戴安全带作业，从作业区域摔下来了。好在不是很高，工友只是腿上擦破点皮，出了点血。在后来的工作中，类似的事情也时有发生，汪堃看到这些大大小小的事故，十分痛心。有时看到工友违规作业，汪堃会好心提醒他，但不是所有的工友都会听他的"逆耳忠言"。有些工友觉得汪堃"多管闲事"，对他的劝告置之不理。既然"多管闲事"别人不理解，那就成为专业的——汪堃决定在工作之余自主学习安全相关法律法规以及安全管理相关知识，并向上级请示转至安全员岗位，从事现场安全管理工作，力争保障每个工友的生命安全。为了能够顺利转岗，汪堃夙兴夜寐，白天上班，晚上看书，自学安全类的相关理论知识。功夫不负有心人，2009年，汪堃顺利通过注册安全工程师考试，成了一名持证上岗的安全员。"汪师傅经常给我们讲一些公司相关的安全知识和要求，还有一些因不遵守作业要求违规作业导致的安全事例"，一名安全质量部部门职工回忆说。

女性一般都爱美，在夏天喜欢穿凉鞋、高跟鞋、短裙（裤），而男性为了凉快喜欢穿拖鞋、短裤，这在生产车间是非常危险的。为此，汪堃算是"操碎了心"。每次去车间，汪堃都对员工千叮咛万嘱咐："规范戴好安全帽，不能穿凉鞋、拖鞋或短裙（裤）到现场，看见正在吊装作业时要绕行，不要从堆码的钢梁上往下跳……"

和他一起共事的同事说："他平时很好相处，总是乐呵呵的，但是一旦遇到安全问题，就没得商量。"无论多热、多冷，他都要到厂里巡视一遍又一遍，提醒这个、提醒那个，唠叨个不停。汪堃常常说，一定要干好自己的活，守好自己的"地"，不能马虎懈怠，安全问题无小事，该红脸就要红脸，该罚款时就要罚款，让违规作业的人长记性。在生产武汉天兴洲长江大桥钢梁时，他负责车间和大拼广场的安全施工，每天一上班就会在开工前去巡查一遍安全隐患，下班前再去巡查一遍。协作队伍员工在现场施工时为了省事图方便，经常氧气和乙炔瓶间隔不够，乱搭乱接电线的现象时有发生。汪堃刚开始会苦口婆心地告诉他们不能这样做，并进行纠正，可是等汪堃一走他们就将他的叮嘱抛之脑后。于是，汪堃决定给予他们一定的处罚，让他们长长记性："'敬酒不吃吃罚酒'，只要我再看见一次就让他们停工，直到整改好了再开工。"干活的负责人不乐意了，觉得汪堃是在找碴，两个人就争吵了起来。"我是对事不对人，也是在干好自己的本职工作,如果出现爆炸或触电事故怎么办?你能负责么?"汪堃毫不妥协。后来,领导来了,了解了事情经过,也支持他的做法。负责人自知理亏,便悻悻而去。自那以后,协作队伍员工乖乖地遵守操作规范,再没有发生此类违规现象。

作为一名安全员,必须时刻知法、守法、用法。为了更好地从事安全管理工作,汪堃一刻也不敢松懈,积极主动学习。新的安全生产法刚出来,他就认真研究条例、条规,笔记本上写满了密密麻麻的笔记,遇到不明白不理解的地方就向公司里的老前辈请教。他甚至还调侃道:"我没你们脑子灵光,就笨鸟先飞,多看多记录,如果自己都不清楚安全生产法,还去管安全,那不是胡闹吗?只有先学法懂法才能知法守法。"

认真严谨　守护安全

经过半世纪的风云跌宕,薪火相传,中铁九桥华丽蜕变,已从单一的船舶管理修造队发展成为钢桥制造架设综合服务国家队。一代又一代九桥人恪守匠心、坚守初心,成为一支与祖国同呼吸、共命运的红色建桥劲旅。安全是一个个体、一个家庭、一个企业甚至一个国家永恒的主题,没有安全作支撑,一切都是空谈。"安全第一、预防为主、综合治理"是我国的安全生产方针。作为施工类单位,管生产必须管安全,讲效益必须讲安全。

安全员是企业安全生产的把关人,他们在项目施工现场付出很多,默默无闻、殚精竭虑,尽心尽力地为企业保驾护航。头戴安全帽,身着带有安全员标志的工作服,每天穿梭在项目工地的各个角落,脚上

汪堃工作照

的鞋磨破了一双又一双，这是汪堃作为安全员的工作常态。

在同事眼中，他有点"轴"，时常因为工作太较真得不到现场施工人员的理解。每当施工队伍进场时，汪堃会在安全交底会上言传身教，示范安全带的正确佩戴方式，在平常的施工过程中苦口婆心地讲解安全教育知识。他认为，"不管任何时候，安全都要摆在第一位，对自己负责、对家人负责……"有时候部分工人因安全教育意识薄弱，质疑他的处事能力，对他嗤之以鼻。有一次，一位工人师傅准备爬上钢梁外侧去割一块钢板。在现场巡视的汪堃一眼便看到这位工人师傅没有佩戴安全带，便大声呼喊："师傅，你赶紧下来戴好安全带。"而此时的工人师傅已经爬上了一节梯子，正准备抬脚往上一节梯子爬，丝毫没有停下来的动作。汪堃着急啊，三步并作两步跑到工人师傅这里，一把把他拽下来："你这样上去多危险啊，你这是不把自己的生命当回事。"工人师傅与汪堃争执道："只是割一块钢板，不用佩戴安全带。"经过几番"唇枪舌战"，不管师傅怎么说，汪堃都再三坚持让他佩戴安全带作业，工人师傅只得执行规定，但心里还是"记恨"上了汪堃。在施工过程中，因气候原因，钢板潮湿容易打滑，工人师傅一不留神，打滑踩空了，好在系了安全带才免遭坠落，捡回一条命。"吊"在半空中的工人师傅久久没有回过神来。下到地面后，工人师傅第一时间找到汪堃，握着汪堃的手含着泪颤抖地说："汪师傅啊，多亏了你的坚持，要不然我今天可能就没命了。""前事不忘，后事之师"，自那以后，施工队伍的人终于理解了汪堃的"轴"，并将汪堃的话牢牢记在心里。施工队伍的安全工作也更加严谨了，工友之间互相提醒、互相督促，把安全当作一件大事要事来对待。

2013年，汪堃调至广西柳州南潭村项目任安全员。在一次铁路天窗期架设门式墩时，本应顺利对位的门式墩却无法落下。现场管理员紧急检查后，发现支座预留孔被堵塞导致无法落梁，于是立刻安排工人进行疏通。但时间不等人，天窗期马上就要结束，火车过会儿就要驶过施工区域。甲方工区长慌了神，要求现场工人立刻恢复作业，一定要在天窗期内将门式墩落下。现场监督的汪堃发现此时门式墩完全不具备落梁条件，若强行落梁，门式墩从墩顶滑落，起重机也会被带翻，严重的话会造成火车因刹车不及时撞上掉落至铁道上的门式墩，进而导致十分严重的特大安全事故。紧要关头刻不容缓，汪堃当机立断，命令现场所有作业人员立刻停止作业，驳回了甲方工区长的错误命令。没过一会儿，高速行驶的火车便从施工区通过，这才避免了一起安全事故的发生。项目部全体人员悬着的心终于放了下来。在此项目期间，他处理一般安全隐患10余起、较大安全隐患1起，与同事们一起把项目部建设成了安全文明施工的典范工地。

2015年春节前，因汪堃表现良好，所经手的项目未发生人员重伤和死亡事件，中铁九桥决定将正在国内项目上工作的他调至孟加拉国，担任中国中铁在国际上承接的最大工程——帕德玛大桥钢管桩项目的专职安全员。

帕德玛大桥，是孟加拉国境内连接马瓦镇和简吉拉镇的过河通道，位于帕德玛河道之上，是连接中国及东南亚"泛亚铁路"的重要通道之一，也是中国"一带一路"倡议的重要交通支点工程，建成后可推动孟加拉国GDP增长1.5%左右，造福孟加拉国近8000万的人口，被习总书记亲切地称为"梦想之桥"。该工程由孟加拉国总理哈西娜亲自挂帅，是中孟两国人民的"友谊之桥"。

虽然春节将至，但为了肩上那份责任，汪堃不舍地告别家人，登上了前往孟加拉国的航班。由于大桥是海外项目，具有非常重要的政治和经济意义，安全问题不容半点懈怠，安全责任重于泰山。一到达项目部，汪堃便同另外两名同事一起巡视工地，并着手进行施工前的准备工作。由于项目部管理人员严重不足，且现场的孟加拉国的工人不会操作大型起重设备，汪堃在确保施工安全的同时又干起了起重工的老本行，在中国工人和后续管理人员进场前的三个月，卸装了前期钢材数千吨、集装箱数百个以及所有的器械、原材料。汪堃不辞劳苦地工作，交给后续人员一个完美的开局。此后三年间，汪堃与同事们每天工作十几个小时，以保障现场水下钢管桩的顺利施工，在工作中充分利用自身的经验和知识同孟加拉国的工人一起克服钢管桩环氧富锌防腐蚀漆的涂装问题，并学习油漆涂装相关规定和现场施工方案，在空闲时间同公司技术部门人员加强沟通，为涂装钢管桩编写了现场安全施工方案，保障了施工现场的安全，为中孟两国人民续谱华章播洒汗水。

2020年，新冠疫情暴发。汪堃接到公司调令，需前往重庆红岩村嘉陵江大桥项目准备前期工作。生产工期一刻也不能耽搁。接到命令后，汪堃在疫情期间毅然决然收拾行李前往红岩村项目工地，隔离过后，立刻投入紧张的工作中去。疫情期间的安全工作更为繁重，不但要确保现场施工安全，更要保障疫情期间工地的顺利施工和防疫工作的进行。为抗击疫情，保证工期节点，项目部实行了许多保障措施，对进场的每一个人员进行实名制，并隔离14天后再进行安全教育培训，要求他们在日常施工时必须佩戴口罩，为每个班组配备对讲机，减少人员面对面交流；宿舍每日进行消杀和通风，在食堂实施一人一桌，减少风险……在疫情肆虐的三年间，汪堃所在的每一个项目都严格管理，做到了无一人感染，成功达到了"抗疫情，保生产"的目标。

在担任安全员期间，汪堃还参与过南昌洪都大道高架桥项目、吉林双洮高速公路项目、抚州王安石大桥项目、赣州蓉江三路钢梁制安项目、北京国道109安家庄特大桥项目等。不管在哪个项目部，他都把"认认真真做事，平平凡凡做人"这句话挂在嘴边，始终把"安全第一、预防为主"作为自己的工作原则，严谨认真对待每一个安全问题，严格排查安全隐患，预防事故风险，认真执行规章制度，保持严谨的工作作风。

正是由于汪堃对不规范作业的行为敢抓、敢管，履职尽责，爱岗敬业，才避免了很多安全事故的发生，确保了现场施工安全有序进行。

近年来，中铁九桥新招的大学生数量越来越多。由于大学生刚从学校走向社会，安全意识薄弱，尤其是进入项目生产一线的大学生，必须意识到安全的重要性以及项目生产中存在的安全隐患，并具备一定解决安全问题的能力。

每当有新员工来到项目上，汪堃首先就会对他们进行安全教育，告知现场基本的施工情况，并将所存在的安全风险一一告知。在施工现场，汪堃言传身教，带领新员工一起排查制止任何可能发生危险的隐患，增强新员工"人人讲安全，人人懂安全"的意识。在他的带领下，新员工迅速进入角色，在现场管理时能够及时发现问题，有效制止违规操作。

汪堃在平凡岗位上日复一日、年复一年地默默付出，他就是项目安全的"守护神"。

繁忙的工作之余，汪堃有时会和同事们谈论国家大事，关注国家军事新闻、民生新闻等。在2022年10月16日党的二十大胜利召开时，汪堃在北京国道109新线高速公路工程安家庄特大桥项目部用手机观看了开幕式。当他听到习近平总书记在报告中提到"加快建设制造强国、质量强国、航天强国、交通强国、网络强国、数字中国"时，他热血澎湃，几近泪目。能够为制造强国、交通强国贡献自己的一份力量，这是何等的骄傲与荣光！

在生活中，他经常和同事们讲一些安全方面的知识和做人做事的道理，他为人不计较得失，任劳任怨，是同事眼中公认的"好大哥"。对项目部新来的年轻职工，他总说："我还年轻，我可以多干点，老家伙照顾下你们这些小家伙是应该的。"

他乐于助人的精神、尽职尽责的态度深得年轻职工的尊敬和钦佩，和他一起共事的同事对他的评价都很高：

"他是我们尊敬的前辈,是我们学习的榜样。""当日的安全当日做到位,工人的安全交底交代到位,出现安全问题时总是冲在最前面,有担当有责任心。""在安全方面从不含糊,一丁点儿的小问题都会细究到底。"……

舍家为企　相互扶持

自从转至安全员岗位后,汪堃便一直跟着项目在外面跑,常年离家,夫妻二人聚少离多,照顾家中老人和小孩的重任就落在妻子黄金的肩上。

"我们家的大事小事都是我做主。"汪堃的妻子黄金说。看似霸气的话,却透露出几分的辛酸。

黄金和汪堃认识,是因为汪堃的姐姐。她当初到九江石化医院实习的时候,师傅正好是汪堃的姐姐汪晓红。有一次,她跟着师傅一起去家里玩,机缘巧合之下就认识了汪堃。"刚开始认识的时候,我并不看好他,觉得他长得比较磕碜,都不愿意多看他一眼。时间久了,慢慢接触发现他心地很善良,为人很靠谱、孝顺,有空的时候会帮爸爸剪指甲、洗澡,打扫卫生,收拾家里,对自己的姐姐弟弟也很好,从来不斤斤计较,这些品质让我很欣赏。"黄金略带几分腼腆羞涩地说。就这样,汪堃和黄金恋爱了。

1999年年底,他们结婚了。然而,结完婚没过多长时间,汪堃就因工作需要前往孟加拉国参与项目建设了,一去就是9个月。本该新婚宴尔,却因工作不得不两地分居。经过9个月漫长的等待之后,汪堃终于回国了,两个人孕育了爱情的结晶。2002年7月5日,儿子汪瀛出生了。因为孩子尚在襁褓之中,父母因身体原因不便照顾,妻子忙不过来，他便留在了公司本部上班，这样方便照顾妻子和孩子。

可是，在儿子稍微大点的时候，他又在各个项目之间辗转。在孩子上初中的时候，他远赴国外参与孟加拉国帕德玛大桥建设，一年才回来一次，孩子的生活、学业他基本顾不上。面对家庭，健壮魁梧的七尺男儿也不禁潸然泪下："我投身桥梁建设是受到了父母的言传身教，而在这个行业中发光发热，贡献自己的一份力量，离不开国家交通事业快速发展提供的实现人生价值的机会，也离不开家庭的支持和鼓励。因为工作原因，孩子基本上是妻子在照顾，我挺对不起他们娘儿俩的。"

"他基本都是以工作为主，家庭的事情都是往后排，全部交给我。我一个人精力有限，在孩子叛逆期的那段时间顾不过来……"说到孩子，他的妻子黄金的眼神里也带着丝丝难过，噙着点点泪花。"但是，他热爱他的工作，而且他从事的是安全管理工作，非常重要，片刻不得松懈，我支持他……"尽管有些许"埋怨"，黄金还是默默地做好家庭的后方保障，照顾好老人孩子，让他在外工作无后顾之忧。

黄金在九江石化医院实习结束后便留在了那里，成了一名护士，在门诊科、外科、内科都工作过。不管在哪个科室，黄金都兢兢业业、任劳任怨，极少出现差池。后来，黄金考取了药师证，便转到江西广灵大药房连锁有限公司任职质管部部长，管理药品的流通储存和把控药品的质量。药品，关系到人的生命安全，可容不得半点儿疏忽。在工作中，她认认真真梳理每一道流程，做好每一类药品的记录把控。汪堃当初转岗从事安全工作也有她一半的"功劳"。汪堃在从事起重作业时，常常给家人讲自己平时工作的情况，免不了讲到工友受伤，每每此时就感到十分心痛。他的妻子黄金虽然不是中铁九桥的职工，但安全对她的工作来说也十分重要。听到汪堃讲述的悲痛例子，黄金也会引起共鸣，扼腕叹息，便提议让他自学安全管理知识，转为安全员岗位，为规范工友操作、保障施工安全尽一份自己的力量。

2020年，新冠疫情暴发后，黄金作为医护人员奋不顾身地投身到社区的防疫工作中，为回乡人员测量体温，确保他们隔离期间的安全。自工作以来，因表现优异，黄金先后获"九江市优秀带教老师""九江市优秀护士""九江市优秀抗疫工作者""浔阳区优秀抗疫工作者"等荣誉称号。

父母的一言一行就像一盏明灯，指引着孩子的前进方向；孩子的一举一动则像一面镜子，映照着父母的精神品格。汪堃和妻子黄金从事与安全质量有关的工作，他们认真、严谨的态度也影响着儿子汪瀛。儿子汪瀛理解父亲因工作而奔波辗转，也心疼母亲既要忙工作又要顾小家的辛苦操劳，在学习之余，他会替父母排忧解难、分担家务。大学期间，汪瀛响应国家号召进入海军部队，圆了当兵保家卫国的梦。

两度救助　　诠释大爱

在工作中兢兢业业、乐于助人的汪堃，平常也积极投身社会公益事业。

汪堃两岁时，因出麻疹后转成急性脑炎，危及生命，是重庆九龙坡铁路医院的医生把他从死神手里救了回来，后在公司和其他社会热心人士的帮助下，顺利渡过了难关。这件事让汪堃深刻认识到生病的痛苦以及生命的脆弱。

参加工作后，汪堃受公司"建造精品、改善民生"经营理念的熏陶，平时积极参与社会公益活动，并加入了九江市红十字会，自2001年第一次献血400毫升后一直坚持无偿献血，年轻时身体好，每年坚持献血至少一次，后因自身血压高不符合献血要求而停止，至今累计献血5000毫升，获得过无偿献血铜奖、中国红十字会红十字之星奖章等。汪堃还把获中华慈善奖的丛飞当作自己学习的榜样，并把他的精神融入工作、生活中去。

2006年11月15日，汪堃在一次无偿献血时，了解到捐献造血干细胞可挽救白血病患者的生命。为了不让妻子担心，发着高烧的他瞒着妻子赶赴北京捐献造血干细胞，救助了一位湖南籍白血病患者，成为中华骨髓库第561例、江西省第2例、九江市第1例造血干细胞捐献者。

"兄弟，让我们一起努力加油！让生命之花开得更加灿烂！"2006年11月20日上午11时50分，当汪堃捐完60毫升造血干细胞后，在一张问候卡片上对患者写下了这样的话。

那天，对于汪堃来说，是一个终生难忘的日子。为了配合采集，20日早上6时左右，汪堃早早就起床了，等待护士给他打动员剂。打完最后一针动员剂后，7时左右，北京空军总医院为他进行了身体检查，并对他的造血干细胞数量进行了检测。自17至20日，汪堃连续打了3针动员剂。经检查，20日早上他的白细胞数达到了3.1克/升，完全符合捐献标准。早上8时整，汪堃来到细胞采集室。经过40分钟的准备后，采集正式开始。刚采集后一分钟，血液流得较慢。在志愿者及附属医院护士的陪同下，汪堃紧张的心情很快得到缓解，血液流动也开始恢复了正常。

整个采集过程，汪堃都非常开心，且表现得很放松，分离室笑声不断。由于汪堃多次参加过血小板采集，采集非常顺利。2小时58分

2001年，汪堃第一次捐献造血干细胞时，与妻儿合影

钟后，60毫升干细胞顺利采集完毕。

采集结束4分钟后，开始下床活动的汪堃说："没感到不适，整个采集过程就像采集血小板一样。"他那种乐于奉献的精神，不仅感动了患者家属、北京的造血干细胞志愿者，还感动了所有参与采集的工作人员。

一般人都要采集3个半小时，由于汪堃身体较好，采集用了不到3个小时。根据采集计划，当日早上他还将进行第二次采集。

当日上午12时40分左右，移植医院北京道培医院的两名医生来到北京空军总医院。举行了一个简短的交接仪式后，道陪医院的医生将汪堃的造血干细胞带走了。

由于干细胞必须在24小时后移植到患者的体内，下午2时左右，医生们开始进行移植手术，从此供者和患者的血脉永远相连！

患者陈某系湖南人，33岁，在深圳工作，家里有一个1岁大的孩子。陈某的爱人非常感动，眼里含着泪水："由于经济困难，我们也不能拿出什么钱来表示感谢，但我们的家人会记住这个好心人。他的血液流入我丈夫的体内，从此以后他就是我丈夫的兄弟了。"

江西省、九江市的红十字会分别授予汪堃"江西省红十字志愿者贡献奖""九江市红十字博爱奖"，及"九江市非血缘捐髓第一人"等荣誉称号。

那次经历让他一生刻骨铭心，原来一个小小的善意可以挽救一条生命，甚至一个家庭。自那以后，工作之余他花更多的时间和精力投入志愿服务中来，既当捐献者，又当志愿服务的宣传者。

"人间有大爱，九桥有真情！"2020年12月26日，中铁九桥员工在火车站拉起横幅，欢迎前往长沙成功捐献淋巴细胞的汪堃归来。时隔14年后，汪堃再度救助同一生命。

2020年11月25日，汪堃在中铁九桥抚州王安石大桥项目部工作时接到了九江市红十字会造血干细胞工作站站长徐彤的电话："你救助的白血病患者再次发病，不知道你愿不愿意再次奉献爱心救助他？"那一刻，汪堃义无反顾地说："没有问题，就算少活几年也要救助他。"同事和朋友都认为他年纪太大，再去捐献可能会损伤身体。他的妻子黄金虽然担心，但是对汪堃做出的捐髓救人的决定，还是给予了极大的理解支持："他就是这样一个善良的人，我支持他。"

接到九江市红十字会电话的那一刻，汪堃的眼神坚定有力，脸上泛起了希望的微笑："希望我的出现能帮助他一下,不管结果是什么,我都要一往无前地去。"在汪堃看来,承受一点痛苦,就能挽救一个生命、挽救一个家庭,是一个造血干细胞志愿者的荣幸,要将救人就要救到底的承诺贯彻到底,这是他的使命。

此次捐献与14年前捐献造血干细胞不同的是,这次捐献的是淋巴细胞。本身患有高血压的他,得知要有一个好的身体才能达到最好的救治效果后,提前一个月戒烟戒酒,锻炼身体,只为更好地救治白血病患者。12月23日下午,汪堃踏上了赴湖南捐献淋巴细胞、救助白血病患者的爱心征程。

12月24日,汪堃在湖南长沙湘雅二医院顺利捐献100毫升淋巴细胞,再一次为白血病患者送去了生的希望,成为全国第9398例二次捐献者。捐献完后,他望着窗外,内心默默地祈祷,对素未谋面的被捐献者说："你一定要坚强,好好活着就是希望!"

在没有血缘关系的情况下,骨髓配型的成功率微乎其微,而一旦成功,对于血液病患者来说,便是黑暗中的星星照亮了生命的旅程。"我当初做了承诺,不管任何时候,需要我的时候,我都会去。""救人救到底"是当时加入中华骨髓库的承诺,汪堃作为一名志愿者做到了。

在12月26日汪堃回公司时,中铁九桥党委书记、执行董事王员根等领导为他召开了座谈会。会上,王员根对汪堃无私奉献的行为表示了赞扬："他是我们全公司学习的榜样,全体职工要向他学习,积极奉献,投身公益,展现九桥人的社会担当。"

2021年,中铁九桥召开中国中铁诚信敬业道德讲堂,邀请汪堃分享他两度救助同一生命的先进事迹。他却只用朴实的语言分享道:"这没什么,这是我的承诺,我应该做到!"短短的话语,传递着最无私的情谊。这就是质朴善良的汪堃！

2023年年初，汪堃荣获全国无偿捐献造血干细胞特别奖，被授予"江西省红十字博爱大使"称号。

"兢兢业业，如霆如雷"，是他们几十年不变的共同的工作追求；"中铁工业'廉法'家庭"荣誉称号，是他们以实际行动耕耘的果实。现在，汪堃和黄金虽然在不同单位从事不同工作，但共同的"安全"却把彼此的距离进一步拉近。两个人相互支持，相互鼓励，相互陪伴，儿子在2022年9月份光荣退伍，继续读大学，一家人正在不同的轨道朝着各自的梦想努力前行，共赴美好未来！

半道出家的纪法"百事通"

——廉法：中铁科工彭智家庭

四十三个春秋，他刚正不阿、恪尽职守，牢记责任，扎实履职，用无数个日夜的奋斗，实现了从纪检"小白"到"百事通"的华丽转身。他坚持勤学善思、担当作为、严于律己、公正廉明，为企业发展堵塞漏洞，规范管理，挽回损失，提升管理效能，为实现企业高质量发展保驾护航。他们勤劳朴实、以身作则、率先垂范，当好公私界线分明、家庭教育优良的"模范生"。他们的身影虽然平凡，但却用一腔孤勇，将普通的人生燃烧成了一束点亮自己、照亮他人的光。

"在我眼中，我的父亲是一个刚正不阿、恪尽职守的人……"，中铁科工"新年廉洁第一课"之"廉进我家"活动现场，一个美丽大方的姑娘面带微笑，甩了甩乌黑的长发，眼镜框下丹凤眼里闪烁着自豪的光芒，优雅而又自信地诉说着她的父亲是如何身体力行，伴她成长成才以及她们的家风故事。

台下，他年逾不惑，个头算不上高，精干的平头上隐约可见些许白发。看到女儿落落大方、自信满满地站在台上，如此高度地评价着自己，略显黝黑的脸颊泛起两朵红晕，幸福而又欣慰的笑容顺着脸颊蔓延开来，将一字眉下那双炯炯有神的大眼睛挤成一道新月，但随之而来的几条鱼尾纹和额头上的几道皱纹却偷偷地道破了"玄机",诉说着他的饱经风霜。

他就是中铁科工集团有限公司执纪审查室副主任彭智,先后多次荣获中铁科工集团"先进工作者""优秀党务工作者"荣誉称号,2022年3月被评为中铁科工集团"廉政卫士",2022年12月他的家庭被评为中铁工业"廉法"家庭。

伴随着女儿的演讲,他不由自主地陷入了沉思,往事如同放电影一般一幅一幅闪现在脑海中,他在心中默默地感叹道:"一个人的成长离不开优秀团队的支持,离不开领导的悉心指导和组织的培养,更离不开和谐家庭的默默付出。年少时,有淳朴善良的农民父母的教诲;工作上,有领导和前辈的示范,有先进人物的引领,有组织的关爱;生活中有夫妻的相濡以沫,有孩子的乖巧懂事,有父母的舒心快乐……"

一公则万事通　一私则万事闲

时间定格在1998年7月初,在吉林铁路经济学校的一间教室,老师将中专毕业证书和毕业分配通知书交给一个19岁的小伙子手里,看着通知书上那赫然夺目的"彭智同志,你被分配到铁道部武汉工程机械厂工作……"几行字,让这个出身贫苦农民家庭的小伙子情不自禁地嘴角上扬,满心欢喜地狂奔到公共电话亭向千里之外的家乡打去了电话,那时的电话还是稀罕物件,彭智只能拨给村里的小卖店,兴奋地让商店老板转告父母这个好消息,并说近几天就回黄陂老家。

回到老家黄陂时,他的父亲将喜悦埋在心底,面带严肃地对他说:"对于一个农村出生的孩子,能够从农村走出去到大城市工作,这个机会来之不易……不能贪占公共财物，以免后悔终生……。""多亏了父亲的谆谆教诲，才有我今天的成绩……"彭智不由地在心里感叹道。

1979年1月，彭智出生在湖北省武汉市黄陂区的一个普通农家，在家中排行老大，下面还有一个弟弟和一个妹妹。他的父母虽是普通的农民，家庭也不算富有，但他的父亲为人忠厚、老实，母亲善良、勤劳。家里有三个孩子，他是长子，父母对他们也寄予了厚望，希望兄妹三人将来都能够有所作为，走出农村这种"面朝黄土背朝天"、起早贪黑的田间生活，这对于当时的农村人来说，是一件了不起的事情。

打从记事起，他的父母就经常教育他要老老实实做人，即使家庭再清贫，也会拿出那少得可怜的积蓄供兄妹们上学，当然，家里的农活也是他们免不了的必修课，父亲的目的很简单，身为农民的孩子就得有农民那勤劳、朴实的作风，要有吃得苦中苦、方为人上人的奋斗精神。兄妹三人的童年生活就这样来回穿梭在土坯房的学校、碧绿的田埂上和简朴却温馨的家庭组成的三点一线中。

那时最吸引彭智的，是在离家5千米之外的空军部队驻地，尤其是基地中修建的抗美援朝英雄黄继光烈士的纪念馆，他记得小时候上学时还经常能够看到军人在严寒酷暑中训练的情景，学校也经常组织他们参观黄继光纪念馆，向英雄先烈学习，努力成为一个正直的人的种子也随之在内心深处默默地生根发芽。

田野上的童年是幸福和充实的，但当告别童年的乡村农村，前往城市的时刻真正来临时，一股莫名的激动和兴奋还是涌上了彭智的心头。随着汽车穿梭在乡间公路驶向"九省通衢"的武汉市，他望向窗外，看着那一排排向后飞奔的梧桐树，脑海里浮现出一幅在大城市里工作的场景，他想到人力资源工作是掌管着员工的工资、社保、绩效等"生杀大权"的肥差事,脸上不由地露出骄傲的笑容,这是对他数十年来勤奋学习的肯定。但父亲临行前那郑重有力的声音却再次在耳畔响起:"不能贪占公共财物,以免后悔终身……"在彭智离家之前,父亲和他促膝长谈,还拿出了村里面一名飞机机械师被开除回家务农的例子来教育他:村里有一个叔辈,参军后积极学习、努力上进成为一名空军基地维修飞机的机械师,刚开始工作的时候,也是个遵规守纪的好军人,后来慢慢地发现了工作中的漏洞,想方设法贪占军队物资,最后被开除回家务农。

随着父亲的声音再次在脑海中响起,彭智不禁打了个冷颤,在心里默默念道:"要珍惜这来之不易的机会,做一个不贪占公家财物的人。"随着汽车平稳地停在铁道部武汉工程机械厂门口,他也收起那份喜悦的心情,深吸一口气,决定要牢记父亲苦口婆心的教育和提醒,不要重蹈那位叔辈的覆辙,灰溜溜地回到家乡。

当彭智满怀期待、兴致勃勃地踏进铁道部武汉工程机械厂大门后,却发现企业因为产品在市场竞争乏力,经营效益十分困难,发不出来工资是常态,面临着即将倒闭的风险。当时很多人都在想方设法找出路,在工作上更是"做一天和尚撞一天钟",刚毕业的他陷入两难的境地,分配来的工作是多少人做梦都想得到的,但收入却又那么让人羞于启齿,可是回老家种地又不是自己所愿,也有辱父命。这时候,一名老师傅跟他说,年轻人要看长远、沉得住气,不要随波逐流,趁着大好青春,抓紧时间学习工作技能、积累工作经验,即使将来公司倒闭了,你也有一技之长,到社会上才有立足之地。从此,他便暗下决心,要把人力资源的各项业务工作学精、学透,掌握一技之长。刚参加工作时,由于企业效益不好,彭智所在的劳动人事处,整个部门有10多名职工,却没有一台配备 Windows 操作系统的电脑，只有两台 486 电脑，干部、人事工作共用一台电脑，工资、社保共用一台电脑，没有计算机网络。大部分的人事业务管理工作如人事命令、工资考核定级表、临时工资发放表等还是通过手工填写完成的，就连人事、工资、社保报表也是通过手工填写、邮寄的方式进行上报。面对繁杂的人力资源业务工作，他从梳理基础管理台账入手，自学 Foxbase、Foxpro 数据库操作技术，将各类繁杂的手工台账录入数据库并设计管理小程序，大大提高了工作效率。此外，他认真研读上级关于人力资源管理、薪酬管理、绩效管理等各方面的规章制度，逐步树立"以制度为准绳"开展业务工作的意识，先后起草了干部管理、薪酬管理、考勤管理、职称评审、员工考核等管理制度 20 余项，编写了《人力资源管理程序》《公司员工手册》《工资管理工作流程》《干部选拔任用工作手册》等近 10 项工作规范。

在人力资源工作中，彭智始终坚持合情、合理、合法的工作原则，并在之后的职业生涯中一以贯之。

2001 年，企业进行"国企民营"改革，机关员工从 300 余人压减到 100 余人，减员压力非常大。当时，《劳动合同法》还没有正式出台，1995 年出台的《劳动法》相关规定又不具体，不能适应企业改革的形势和要求。对此，彭智认真研读《劳动法》和企业改革、三项制度改革相关政策，向地方劳动部门沟通请教，按照"提前退休一批、内部退养一批、转岗一批、待岗一批、有偿辞退一批"的工作方案，认真测算各项社保、工资、补偿等费用支出，为领导决策提供了有力的数据支撑，维护了企业的利益和职工的稳定。

彭智工作照

2003年，武汉市政府同意单位所属大集体企业解决改制买断人员未参保的历史问题，即"五七工"养老保险待遇问题，对于彭智来说，这是一个涉及800多名大集体员工30多年来的参保费用补缴和退休待遇核算等核心利益的问题。当时有人找到彭智，看能不能帮忙运作享受"五七工"待遇，彭智以不符合政策为由拒绝。他心里默默地想着："政策执行就是要实事求是，怎么能够因为别人给我一点好处我就特殊对待呢？这样不就是公私不分了吗？这对其他人也是不公平的"。

随着经年累月的工作经历，彭智也渐渐地从父亲那句朴实直白的"不贪占公共财物"中有了更深的认识，"一公则万事通，一私则万事闲"，在彭智看来，坚持原则、公私分明是做人立业的第一准则，也是他从业以来的朴素逻辑，更是坚持清正廉洁的首要条件，这种规矩意识的养成影响至今。尽管在工作中，时不时有同事说他"死脑筋""不晓得变通""没有人情味"……但他不以为然，坚守自己的底线，并在各方面取得了优异的成绩，于 2003 年 12 月光荣地加入了中国共产党，先后多次被公司评为"先进工作者""优秀共产党员"等荣誉称号。

半道出家的纪法"百事通"

2019 年 10 月，公司纪检监察部缺员，而当时，纪检监察工作是各部门"谈及色变"的冷部门，也是公司党员干部不愿意去的部门，因为谁也不愿意从事这份"得罪人"的活，彭智不顾众人的劝说反对，毅然放弃了炙手可热的干部管理岗位，自荐转岗至纪检监察部。

初到纪检岗位工作时，半道出家、又没有纪检实战经验的彭智，很快就被"某公司涉嫌串标的问题线索"难住了，接到任务的他脑袋一片空白，因为他连最基本的工作流程、审查审理谈话程序都不清楚，更别说定性量纪。还记得第一次审查谈话时，面对熟悉的"老领导"，彭智底气不足地说道："领导，不好意思，我们按照流程对您的问题进行核查谈话，对您多有得罪，请谅解……"伴随着时钟滴答作响，彭智的心也是忽上忽下，满脸憋得通红，一场本可以半小时内结束的核查谈话，因为谈话提纲准备不充分、工作流程不熟悉而反复出错，最后硬生生延长了两三个小时才结束。后来彭智回忆起这段尴尬的往事时说道："这场谈话我比被审查人还紧张，如坐针毡。"

从事纪检工作后，除了要对"老领导"拉下脸面来，身边的朋友也越来越少，"你怎么又来了？还让不让别人干工作了……"还没有进门就被下"逐客令"的事情也常发生。有一次，彭智忍不住抱怨："纪检工作真不是人干的，别的部门像防敌人一样防着你，成了过街老鼠人人喊打了。"工作中，他也经常因为自己的业务能力不强而与部门领导和同事争论，久而久之，曾经一腔热血的他陷入迷茫，工作态度也变得有些消极起来。现在回想起来，还是因为当时业务能力不强，发现的问题不能让别人信服而导致自己丢失了自信。

究竟是调整状态再出发，还是继续碌碌无为"躺平"？

夜越来越深，原本车水马龙、流光溢彩的繁华都市随着黑夜的降临开始沉沉入睡，坐落在壮丽的武汉长江二桥之滨的"中铁科技大厦"里，那一盏迟迟未灭的灯犹如一颗璀璨的明珠，让你想走近一探究竟。透过门缝，摇摇欲坠的书堆之下，一位中年男子正在伏案夜读，他时而搔首挠耳，时而自言自语，时而来回踱步，时而表情凝重，时而嘴角扬起一丝微笑，一张张白纸被满满的字迹填满，又被穿上圈圈点点的"外衣"，一次次敲定，又一次次推翻，反复修改不知第多少稿，终于，一幅迷宫似的案件线索图呈现在他的眼前，长舒一口气，起身伸个大懒腰正准备收拾收拾回家的他，猛一抬头发现漆黑的天空尽头已被阳光撕开了一条裂缝，将天和地分裂开来。是的，天已经微亮，又一个通宵告一段落，"算了，就在桌上眯顿一会儿，一会儿还要继续谈话呢！"彭智心里默念道。

这是他在处置某公司误工费补偿等问题线索的一个缩影，也是他对"躺平"还是奋进这个问题最好的回答。

2021年9月，彭智接到某公司误工费补偿存在问题、废旧物资处置不规范等问题线索，核查的疑点问题多达20余项，涉及人员近70人，完成谈话笔录400余份。案中案、局中局、谜中谜，违反工作纪律问题、廉洁纪律和生活纪律的问题交织并存。经常出现甲和乙对同一个问题的说法都不一样,甚至一起串供说假话,隐瞒事实真相,企图蒙混过关,逃避处罚,甚至整天整天地谈话却都毫无进展。为了深入查清事实真相,每天的核查工作完成后,他都会继续在办公室挑灯夜读,放弃节假日休息时间,反复研读党纪条规、企业规章制度,分析谈话记录中的疑点,梳理证据链条,寻找破局之法。

那段时间,他和他的团队白天核查谈话,晚上一起研讨总结当天的核查进展情况,复核笔录和证据中的差异,对出现的新情况深入分析原因、查漏补缺,讨论下一步核查方案。"今天这个问题有一些细节的说法前后不一致,这笔账目可能有问题,在这个问题上张某和李某说得前后矛盾,这个问题刘某说的是假话,这个问题王某提供了一些新的信息……""从目前掌握的证据来看,明天应该以张某的工作纪律问题为切入点,集中精力攻破其心理防线""明天应该继续到某项目上去取证……"热闹的"六廉"工作室衬得寂静的写字楼更显深沉。

"我觉得张某的资金交易记录太乱了,账目倒来倒去的,实在是理不清楚,廉洁问题他又不肯交代实情,要不就把张某这些难以查清的账务问题放了,抓一下他个人违反工作纪律、生活纪律和违规决策等问题,就可以快办快结,也能起到执纪震慑的效果……"一名组员说道。"不行……我反对,不能这样做,这样处置问题太不负责任了,对其他人也不公平,更不能因为怕麻烦、图省事就留下尾巴,绕道走,别人会诟病我们纪委的……我们一定要不惜一切代价,穷尽所有的办法把这个账单问题理清楚,还原事实真相,经得起历史的检验……"彭智坚决表示反对。"我认为,这个问题已经查清了,可以了结定性。"一名组员说道。"不可以,刚才张部长说了,这个问题有一个细节需要与另一名证人重新复核,否则这两个人的说词不一致,形成不了完整有效的证据链，以免将来翻案。"彭智有条有理地表示反对。在他看来，纪检工作是一个政治性很强的工作，每个问题的定性量纪都要反复推敲，容不得半点瑕疵，这是彭智与核查组成员在某问题线索定性量纪时头脑风暴的场景，他们坚持"事实清楚、证据确凿、定性准确、处理恰当、手续完备、程序合法"的工作方针，一步一个脚印地查实每一件问题线索。

在与核查对象一次次的交锋，与组员们一次次的辩论、头脑风暴中，他先后研读《监察法》《公职人员政务处分法》《治安管理处罚法》《民法典》等常用法规以及企业规章制度70余项，最终啃下了从业以来遇到的最复杂的案例，较好地完成了误工费问题、废旧物资处置、违规打麻将、违规收取好处费等20多件问题线索，帮助企业挽回直接经济损失130余万元，追回废旧物资处置款350余万元，成了纪检战线上的纪法"百事通"。

身体力行塑家风

俗话说："相由心生，境随心转。"就好比一个当过兵的退伍军人来说，即使退伍转业，他的言行举止也会透着十足的"兵味"，书读多了就会自带"书香味"一样。身为一个长期在纪检战线奋战的纪检干部，天天与监督、执纪打交道，与党纪法规、公司的规章制度相伴相生，严肃认真、追根究底、坚持原则、遵规守纪的印记就如同那脸上逐渐加深的皱纹一样越烙越深，"纪检味"也越来越浓烈，凭借着爱情、亲情、友情之风，悄无声息地吹进家里的每个角落，润物无声地滋养着"明礼守纪"的良好家风。

以身作则、率先垂范,当好公私分界明、家庭教育好的"模范生"。打铁必须自身硬,纪检干部干的就是"打铁"的活,必须自身正、自身净、自身硬,这是党组织对每位纪检干部的政治要求,是每位纪检干部都必须带头遵守的行为准则。彭智身为纪检干部,能够清醒地认识到纪检工作是一项政治性很强的工作,对纪检干部的综合素质要求也很高,因此,自从事纪检工作以来,彭智一直都是严格要求自己,强化自我监督和自我约束的同时,也用这种"过硬"的作风感染着家人。

"在生活中,他是遵纪守法的好公民……"他的爱人黄秀英口述道:"我们的两个女儿都是9月中下旬出生,当时很多人都劝他花点心思,把小孩的出生日期往前登记几天以便将来能提早上学,他一口回绝,并表示一个人应该光明正大地来到这个世界,如果一出生就挖空心思去造假,那她的一生将会永远背负出生日期造假的阴影,如何能成为一个在社会上立足的人呢?大女儿上大学时,我看到周围很多孩子都申请了大学生助学贷款,就和他商量要不也申请一个,几万块钱也可以减轻一下他们现在的生活压力。他一下子发火了:'我们现在又不是困难户,为什么要去申请?你这样子是教孩子见缝插针,以后心思花在投机取巧上,不专注做事,是难以成才的。'以前,有要好的朋友给我打电话,说有一笔业务,客户要拿返点,但客户又不愿意实名登记银行账号和身份证号,朋友想用我的,彭智一听说,立马又呵斥道:'都像你们这样子搞,社会不乱套了吗?我们不能约束别人,但我们要管住自己,至少不助长他人违背社会秩序,更不能帮助他人做违法乱纪的事。'在生活中,有很多这样的小事情,他都在严格的要求自己,也同时'限制'着我们,让家人尽量不要做违规违纪的事情。就连我们家四岁的小女儿在过马路时,也总是提醒我们要遵守交通规则,红灯是绝对不能闯的。"

　　俗话说:"一个优秀的男人背后必定有一个优秀的女人。"那么彭智的妻子是个什么样的人呢?从她本人看待"廉洁"二字的方式上,我们可以管中窥豹,一探究竟,她说:"说到廉洁,要从我奶奶说起,奶奶曾经是村里德高望重的老人,刚正不阿。父亲更是,父亲早年是乡镇干部。20世纪70年代末、80年代初,面对家里四个嗷嗷待哺的孩子,我们家时常因为工分不够,每年都会有一两段时间粮食不够吃,这时候我们一家人一天就只吃两顿饭。那时候父亲虽是镇里的干部,但父亲从未想过以职权之便给家里弄一些柴米油盐来。九十年代父亲在村里当会计十几年,他不但自己不占公家的便宜,并且还不让其他干部占公家的便宜,因此村子里那些想占便宜的干部很不喜欢父亲。在父亲面临退休时,国家有一个退休名额,但要在他和另外一个人中间选,最后父亲以那个人比他年长一两岁,且没有老婆,把这个名额让给了那个人。因此母亲一直都念叨着这件事情。父亲直到离开这个世界都没有拿到过一分钱的退休金。虽然父亲去世了这么多年,但父亲说的两句话一直是我的行为准则:'行得方,做得圆''装龙要像龙,装凤要像凤'。这两句话简洁,但要按这两句话做起来可不简单呀。父亲第一句话的意思是:人要有底线和原则,做事要公平、公正,自己做的事情能对他人和自己都有一个交代。第二句话的意思是:人的穿着打扮、言谈举止要符合场合、身份,言外之意就是谨言慎行。我的父亲就是这么一个人,我们姐弟四个受我父亲影响深远,言行举止或多或少都有些父亲的影子。我也经常自豪地把父亲的故事讲给彭智及孩子们听。告诉他们要做一个有'灵魂'的人,对他人有积极影响的人。对于彭智的廉洁奉公,我个人是很欣赏的,我们在家还和女儿打趣他：'你现在就是孤勇者，但做的事情是非常有意义的事情'。现在我们家四岁的娃娃都会唱六廉之歌《最美》了。说实话，现在当别人问我老公是干啥的？我都会骄傲地说，'他是从事纪检工作的'。"

人生总有无法弥补的"遗憾"，对于彭智，对家人的亏欠就是那道无法愈合的"伤疤"。

在爱人的眼中，彭智是一个不守"信用""指望不上"的人，在谈恋爱的时候，他就经常因为临时加班取消约会或改变约会时间，甚至几次差点因此分手。特别是从事纪检工作以来，"不守信"几乎就成了常态。有时说好的回家吃饭，直到凌晨也不见踪影；说好的休息日带孩子出去玩，却在办公室加班度过；说好的回家陪孩子过生日，却变成了"云端"爸爸出差在外……

"让我记忆最深刻的是圣诞节前一天晚上，天空中朦朦胧胧地飘着小雪。二宝因为鼻炎严重，咳嗽不止，乃至于扁桃体发炎，从晚上7点到11点半，高烧至39.3℃并且咳嗽不断。直到凌晨，彭智都还没有回家。我实在没有办法，只能独自给小宝围上了一个小被子，戴上了厚厚的毛线帽子，用自行车带着小宝去了离家不太远的儿童医院。到医院之后看到儿童医院里面却是黑压压的一片，排着很长的队伍。都是来给小孩子看急诊的，每个家长心里都着急，医院里面更是乱成一锅粥。因为疫情防控，发烧的小孩子看急诊还需要在医院里再做一次核酸。我一看这个阵仗都傻眼了，急忙给彭智打电话，一个，两个，三个……疯狂地打了无数个电话，得到的回应只是那句冰冷冷的'对不起，您拨打的电话暂时无人接听，请稍后再拨……'当时我心中的愤怒达到极点，所以当他电话回过来时，我没好气地说道：'你在干什么？家里的事情你不打算管了吗？小宝今天晚上发高烧咳嗽不止，你知不知道？我们现在在儿童医院里，你能不能来？你要不来就当没这个家了！天天不着家，你就跟个'野人'一样的……"并挂断了电话。

"当时听到老婆的咆哮声，我也怔怔地呆在那里好半天缓不过神，一种亏欠家人的负罪感涌上心头……"彭智说道，当再次惴惴不安地拨通老婆的电话时，老婆一改刚才的态度，缓和地说道："我理解你的工作性质，现在没事了，你安心工作吧……"一股热流涌上心头，生活中总有酸甜苦辣，但最后都是妻子通情达理地放下姿态，默默地在背后支持着我，让我无后顾之忧地奋战在工作岗位。

"由于我的违法犯罪，严重损坏了党的形象，严重危害了公安司法事业，严重破坏了政法系统的政治生态……"每当休息时，一家人面前的电视总是演绎着最新的反腐纪录片。"自从彭智走上纪检工作岗位后，每年的反腐'大片'，包括《人民的名义》等关于反腐倡廉的电视他都必看，还经常拉着我们一大家子一起看。"彭智的爱人回忆道："在家里，彭智无论是在陪伴小女儿做游戏、读绘本故事，还是和大女儿交流功课学习情况，都会将他身上的这股'纪检气'掺杂在里面，时常将纪律规矩挂在嘴边，久而久之，我们也被他感染了，这也许就是夫妻相、父女相吧！"

"家庭是人生的第一所学校。"身为执纪人员，彭智深知"无规矩无以成方圆"的道理，看到公司里个别年轻干部因为违规违纪被自己查处，心中五味杂全的滋味是永远也磨灭不掉的，他不希望自己的女儿将来像他们一样，因此经常教育孩子要戒奢，在孩子小的时候，穿大方简洁的衣服，不乱用零花钱，不和别人比吃比穿，不慕奢华，安于简朴。要戒贪，他常说："欲望是一个无底洞，最终毁掉的是自己的一生。"要求孩子们要始终慎言慎行，做好对孩子的言传身教，不贪不义之财，靠自己的辛勤劳动创造家庭财富，还会特意带着女儿们去参观警示教育基地，带着他们看警示教育片，特别是公司推进"六廉"文化建设以来，也是经常将"六廉"文化故事当作绘本故事一样，讲述给自己的小女儿听，潜移默化地为女儿们种下"廉洁"的种子。要戒惰，他告诉孩子幸福的生活要靠自己辛勤的劳动去奋斗，从小就带着孩子一起做家务，教育孩子自己的事情自己做，让孩子明白自己的责任和义务。他身体力行地教育身边人、家里人，从点点滴滴的小事做起，认认真真做事，清清白白做人，不是自己劳动所得的决不眼红伸手，做到问心无愧、心安理得地活着，把廉洁常挂心中。

夫妻俩除了教育引导自己的女儿们树立纪律规矩意识外，还时常提醒家人和身边的亲朋要清清白白做事、堂堂正正做人。他和妻子二人深深懂得"平平淡淡才是真"，对家人常怀助廉之心，常吹家庭廉政之风，为家人算好"经济账""家庭账""自由账"和"亲情账"，告诫亲人安于平淡，懂得守廉，避免"一失足成千古恨"。他的爱人也经常提醒他，工作上一定不能贪图小利，不该收的坚决不收，不该拿的坚决不拿，不该吃的坚决不吃。在中央八项规定精神没有出台以前，彭智偶尔会参加一些饭局，喝得醉醺醺回到家。对此，黄秀英总是劝告说，干工作要凭真本事才行，靠吃吃喝喝拉关系是走不长，也是走不远的。

2004年9月，伴随着婴儿的啼哭声，一个新的生命来到世界上，给年轻的他赋予了新的使命，一份伟大父亲的责任。有了着彭智的言传身教，这个曾经的婴儿已经出落成亭亭玉立、大大方方的大闺女了。"记得我上高一后不久，我的父亲开始从事纪检工作，变得忙碌起来，经常工作到深夜才回家，有时甚至通宵在办公室工作。特别是在

彭智一家四口

进入高三年级以来,在家里几乎很少看到他的身影,就连高考前的最后一个月,他仍然在深圳出差,作为女儿,虽然很遗憾那段征程没有父亲的陪伴和教诲,但是我能感受并理解父亲对于工作兢兢业业的态度……"女儿懂事而又深情的分享迎来会场阵阵掌声,将彭智的思绪拉回现实,是啊,也许对于女儿来说,他并不是一个称职的爸爸,在临近高考时也没能陪伴她一个晚上,致使女儿有些情绪,但是女儿很争气,最终以优异的成绩考上了北京师范大学,彭智不由得又有些欣慰,眼眶也有些湿润。

"现在常浮现在我脑海中的是父亲口中的那句'干干净净做事，老老实实做人'，教会我忧而不惑，独而自省。作为新时代的师范生，我将秉承勤勉敬业、行为规范的作风，也必将把'扣好第一粒扣子，坚决不用新鞋踩泥'作为我未来的行为准则。如果有幸走上教师工作岗位，我也将把善、能、敬、正、法、辨的'六廉'文化带进课堂，言传身教，把'六廉'文化传承下去。"伴随着掌声呜呜，彭智再也绷不住那根心弦，偷偷地拭去眼角的泪水，一起鼓起掌来，这掌声是给女儿的，更是给这一路走来帮助他的领导和同事、教育他成长成才的父母、为了自己的事业一直在身后默默付出的妻子以及这些年一家人齐心协力的付出的……

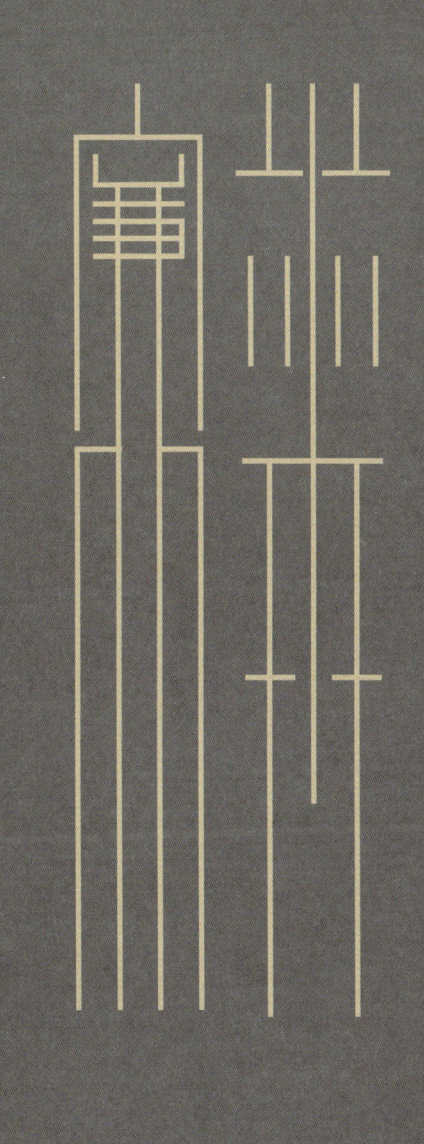

初心守廉　家风永驻

——廉辨：中铁装备陶仁太家庭

人生犹如开动盾构，唯有前进是成功的桥梁。他，是"地下城的勇士"，长期扎根一线，刻苦钻研，以专业知识指导现场施工，不断推动技术创新；以人格魅力带动班组成员，凝聚团队力量；以不屈意志攻坚克难，创造了一个又一个佳绩。她，是"最美盾嫂"，温柔贤惠，孝老爱亲，把照顾家人的责任挑在肩头，数十年如一日，用实际行动诠释了中华民族的传统美德。他以匠心，守护着"地下蛟龙"；她用温暖，照亮前行的道路。

作为项目经理的陶仁太，长期奋战在掘进机施工一线，工作思路清晰，工作业绩突出，始终把带好团队作为管理目标和首要责任，把廉洁自律作为基本准则和行为底线。他深知作为一名项目负责人，在每一件事情的决策和方向把控上都要经过深思熟虑，可能一个错误判断就会导致不可弥补的损失。多年的现场磨炼考验，陶仁太攻克了一项又一项难题，越过了一个又一个的坎坷，先后荣获"中铁工业优秀共产党员""中铁工业工匠""中铁装备劳动模范""中铁装备十大优秀共产党员"等称号。

忠诚责任担当　顾全大局深明大义

陶仁太严于律己、宽以待人，做人做事高标准、严要求。作为施工项目的负责人，他既懂施工，又懂管理，扎根生产一线，带"硬核"团队共同为项目安全施工、提质增效提供"硬核力量"。

2017年8月，陶仁太调入中铁装备集团技服公司，担任高黎贡山"彩云号"TBM的技术服务工作负责人。此时高黎贡山正是高温季节，也正值TBM组装关键阶段，陶仁太带领7人的服务团队，每日顶着高温和强紫外线，配合施工单位进行TBM组装指导工作。2018年元旦，也正是在"彩云号"TBM刚始发掘进的关键时刻，他的第二个孩子也即将出生。由于施工现场工期紧张、任务繁重，陶仁太依然坚守岗位，甚至在妻子被紧急送进产房的时候还在隧道内无法联系上。在陶仁太的带领下，经过一个月的努力，"彩云号"TBM在2018年2月顺利完成始发掘进，看到国之重器"彩云号"顺利始发后，他觉得自己是孩子的榜样，是家人的骄傲。经历了"彩云号"设备在工厂的组装调试到拆机，再到现场的组装调试始发，陶仁太也从一名电气工程师成功转变为一名机液工程师，逐步成为业务领域的"多面手"。

"彩云号"TBM是当时国内最大直径的硬岩掘进机，在后续的掘进施工过程中，他要求服务人员必须时时刻刻在一线值班守护。高黎贡山项目地质极为复杂，具有"三高"（高地热、高地应力和高地震烈度）、"四活跃"（活跃的新构造运动、活跃的地热水环境、活跃的外动力地质条件和活跃的岸坡浅表改造过程）的特征，囊括了隧道施工的所有不良地质和重大风险，施工难度极高。掘进期间任何地质情况都可能会出现，为保证施工安全和质量，服务组成员不分昼夜，

24 小时随时处理设备各项问题，经常为及时处理问题不能离开设备，简单的方便面就是一顿饭。"彩云号"TBM 9 月份到达云南，当时隧道内工作温度高达 40℃，伴随高温而来的还有潮湿、粉尘、噪音，技术服务组在高温和强紫外线的条件下进行户外组装设备，常常衣服被汗湿透，皮肤被晒红晒伤，疼得不能触碰。而在隧道掘进期间挖到涌水，为保证正常掘进，他们在隧洞里被淋成落汤鸡，在持续的工作中，又将湿透的衣服暖干。而灰尘大、突发涌水、温度高等恶劣隧道施工环境，他们并不觉得是什么大问题，设备能顺利掘进就是最大的动力。"彩云号"服务团队不怕脏、不怕累，哪里有问题就往哪里钻，汗水湿透衣衫，工作服也被油脂泥巴覆盖，一天下来，早已污泥满身，筋疲力尽。面对种种困难，他们没有时间退缩，积极配合业主，护航"彩云号"先后多次通过岩性接触带、断层、破碎带、涌泥沙、涌水等复杂不良地质带。团队 7 人组经常早出晚归，每日天不亮就随工人一起坐小火车进隧道，天黑才拖着疲惫的身体下班，常常还会在晚上加班。团队机电液各司其职，又团结一心，设备出现问题，团队集思广益，共同讨论，以最快的速度将问题解决，在 2018 年 4 月份创造了月度进尺 541 米、日进尺达到 32.527 米的新纪录，充分证明了中铁装备 TBM 设备的稳定性和超强适应性。2018 年"彩云号"TBM 入选"十大国之重器"，陶仁太技术服务团队也得到了业主方的一致好评，被业主授予锦旗，并获得"河南省青年文明号""中铁装备集团 2018 年先进班组"荣誉称号。荣誉的背后是成百上千次的问题探讨、维修保养、复杂地质条件的应对和通宵达旦的作业，是对一名共产党员理想信念的淬炼和升华。

当陶仁太的妻子看到"彩云号"TBM 被评为"十大国之重器"时，

她终于理解了习近平总书记视察中铁装备时说的那句："你们的事业很有意义！"她也经常给孩子讲述中铁装备人的故事，孩子在学校还告诉老师："长大了要做像爸爸一样的工程师，做一个对社会有用的人。"对于孩子的成长问题，陶仁太深知，家庭教育远远重要于学校教育，家庭是孩子的第一所学校，父母更是孩子的第一任老师，也是孩子永不退休的班主任，家长就是孩子的镜子，孩子就是家长的影子。在妻子的理解和支持下，陶仁太回家的次数虽然少之又少，但是他总要抽出时间分析孩子各个方面存在的问题，晚上在孩子遇到不会的题目时，开着视频进行辅导讲解，并对孩子成长过程中遇到的问题及时和妻子进行沟通，进行正确的引导。孩子成才重要，但做人做事更重要，孩子就像一棵小树苗，如果不进行正确的引导，树可能长歪，但如果通过正确的价值观、人生观的引导，树苗才能长成对社会有用的材料，这是他对孩子的期望，也是自己人生观、价值观的体现。

勇做开路先锋　　攻坚克难辩证务实

2019年8月，陶仁太又一次被委以重任。他带领团队奔赴山东文登抽水蓄能电站建设"文登号"TBM施工项目。这是技服公司从掘进机售后服务转型踏足施工领域的第一个项目，同时也是世界首台超小转弯半径硬岩TBM施工项目，身上压力不言而喻！山东文登抽水蓄能电站排水廊道分为上、中、下三层，上层排水廊道单独施工全长871米，中下层整体施工全长1427米，上层隧道整体布局呈环形，是国内超小曲线转弯半径的掘进隧道。"文登号"TBM是中铁装备集团为文登抽水蓄能电站复杂的极小转弯半径施工隧道量身打造的，其直径为3.53

米，总长约 37 米，总重量约 250 吨，最小转弯半径 30 米，是世界首台超小转弯半径硬岩 TBM。

施工过程中需克服小曲线下设备转弯的灵活性、皮带跑偏、拖车倾斜、刀具异常磨损等诸多行业难题。陶仁太团队作为公司施工作业转型的排头兵，心怀敬畏，勇毅前行，从设备生产时就紧密跟踪，现场的准备工作一样也不落下。他在施工现场与 TBM 组装车间之间往返，小到设备污水管路测量，大到施工现场施工组织布置，陶仁太都事无巨细，一一落实，为设备的应用作足准备。凭借多年的现场施工经验，他在脑海中、图纸上以及施工现场，提前模拟设备从装机到掘进的全流程，努力找到所有可以整改的部位及安全隐患。在设备下线前，积极联系设计人员进行设备优化改造，把设备应用过程中的风险消灭在

陶仁太工作照

萌芽状态，为设备的顺利进场、始发掘进奠定了良好的基础。他精细筹备施工前的各项工作，为保障现场施工工序，保证每一环节都能跟得上施工的进度，充分与业主方对接，环环相扣，力争不出问题。那段时间，他每天睡眠时间不足6小时。

"文登号"TBM 9月下旬运达项目，文登团队需要在极其狭小的组装洞内完成设备的组装任务。该项目作为公司的第一个抽水蓄能TBM项目，与原来设备售后服务项目相比较，是一个很大的跨越转变，设备直径小，作业空间极其狭窄，工作强度大，对这个以"90后"居多的年轻团队来说是一个极大的考验。他们经常被泥渣、污水沾满衣服，个别人员有负面情绪。陶仁太注重做思想工作，及时与团队成员谈心谈话，第一时间调整大家的状态；在脏累的工作面前，他第一个带头冲上前；在遇到难题时，与团队一起商讨解决办法，他像个经验丰富的师者，又像充满活力的马达。在陶仁太的带动下，这些"90后"充分发扬顽强的拼搏精神，仅用13天就安全顺利地完成了设备的组装工作。

"文登号"TBM始发后，面临更多预想不到的困难，人员缺乏施工经验、现场管理工作繁杂，还将面临"S"形弯道、姿态控制困难、曲线过站、狭小空间洞内转场拆机等一系列考验。陶仁太坚定信心，稳定团队，常和现场作业人员讲："不要总是只提出问题，要多提出解决问题的方法，哪怕不对，但只要我们努力尝试，天道酬勤，只要思想不滑坡，办法总比困难多。失败并不可怕，可怕的是失去了成功的信心！"他和作业人员一起扎根现场，深入探究掘进过程中出现的棘手问题，及时组织团队研究讨论拿出切实可行的应对方案。自项目开工以来，专职安全员及班组长每天进行开工前的安全讲话。作为项目管理人员,他每周都召集全体专职安全员召开会议研究安全生产工作,并对他们进行培训。全体项目管理人员奋勇争先、尽职尽责,保证了项目安全文明施工与进度质量齐头并进。最终,世界首台超小转弯半径硬岩 TBM "文登号"顺利、安全、高效地完成了在抽水蓄能领域的应用,并得到广泛推广,实现了 TBM 施工技术的新突破,为企业后续进军抽水蓄能领域及煤矿、金矿等矿山领域打下了坚实基础。

大胆探索奋进　守正创新再创佳绩

2021 年 3 月,"洛宁号" TBM 洛宁抽水蓄能项目部成立,在公司领导的信任与重托之下,陶仁太担任该项目的项目经理,带领团队继续奋战于施工一线。由于"洛宁号"设备相比于同类型的设备有较大改进,设备下线前,作为项目经理,陶仁太积极参与工厂监造,熟悉设备的各项结构、性能参数等。考虑到工地现场组装工期紧、任务重,且始发后人员作业空间有限,他结合工地现场施工条件、相同类型设备在应用中出现的问题等,提出了设备电缆线槽改造、增加皮带防偏轮、推进油缸防断裂措施、增加高压开关柜、延伸拖车轮对黄油嘴管路、主驱动内齿轮油散热器及分配马达重新定位、主控室增加防震保护罩、增加拖车尾部接力风机、拖拉油缸单缸控制等累计 20 多项有利于现场施工掘进的合理化建议,并在出厂前积极协调研发、制造单位,将多数改进措施落实完成,为后续项目顺利施工创造了有利的条件。

2021 年 5 月底,"洛宁号" TBM 在项目团队的共同努力下具备了始发条件,从进场到调试完成仅仅用了 15 天,并于 6 月初正式始发。

在"文登号"设备应用的基础经验之上，陶仁太根据 TBM 在实际掘进 30 米小转弯施工过程中皮带易磨损的现象，在现场提出了将原 3 层帆布皮带变更为采用 4 层耐磨型皮带、拖车滑靴式设计变更为轮对式、皮带防偏设计等多项措施，重点改善该类型设备的皮带跑偏、拖车倾斜等问题，使得原设备每完成一个 30 米弯道更换一次皮带变为 2 个弯道更换一次皮带。"洛宁号"TBM 先后经过 15 个 R30 米超小转弯掘进，在掘进过程中，从未出现拖车倾斜问题，皮带跑偏问题也得到了很大改善，较之前"文登号"弯道掘进时，平均每日有效掘进时间多了 3 小时，转弯段掘进效率可达到直线段掘进的 80%。

在掘进过程中，总是会有意想不到的问题。由于设备本身自带的湿式除尘器效果不理想，加之弯道多、风损大，施工作业环境差，隧道内能见度低，安全生产压力大，项目面临着停工停产。陶仁太不敢有丝毫懈怠，他组织团队就除尘问题改进措施进行探讨，尝试过加大喷水、减小滤网间隙、增加滤网数量、增加雾化喷淋装置、设备尾部增加排风轴流风机等多项改善措施，但除尘效果微乎其微，无法达到预期效果。后来，经过反复论证，陶仁太团队提议将湿式除尘改为干式除尘，在集团公司技术评审通过后进行实施，隧道内从之前的可见度不足 5 米，到更换后可以一眼贯穿 200 多米的直线段，肉眼可见的灰尘密度呈直线式下降，粉尘过滤高达 99%，完全达到了预期效果，直接改善了隧道内外的环境问题，降低了 TBM 施工过程中有轨运输、人员粉尘伤害的风险，提高了 TBM 的掘进效率。

顺利掘进后，陶仁太带领团队优化施工组织、强化技术攻关、加强人才培养，组织项目管理人员及现场所有工班长每日召开交班会，梳理现场存在的问题，进行头脑风暴，优化工序时间，同时设立项目奖励机制，充分调动了人员的工作积极性。他们创新增加制冷设备冷却刀具降低刀具成本、长距离弯道掘进增设接力风机补偿新鲜风、TBM 尾部增加储料梭矿车提高设备利用率等多项新工法，为隧道开挖机械化施工带来新突破。

"洛宁号" TBM 自始发掘进以来，陶仁太团队先后克服解决了多个不良地质段层带的处理、TBM 下坡掘进突涌水、重载上坡、-4.5% 连续下坡、长距离 TBM 施工通风、抽排水、超小转弯半径 TBM 施工等关键技术与重难点问题，历经 14 个 R30 米转弯、1 个 R50 米转弯及 2 个 R200 米转弯，近 3000 米的长距离出渣等重重困难后，在掘进过程中取得了单班最高进尺 20.029 米、日最高进尺 37.037 米、月最高进尺 615.172 米，平均月进尺 391 米的骄人成绩，开创了小转弯半径 TBM 在抽水蓄能领域施工的最高纪录，最终实现提前合同工期 8 个月精准贯通，使得 TBM 工法在抽水蓄能领域的广泛应用掀开了新篇章。陶仁太团队获得业主感谢信两封，他个人荣获了中国中铁 "科学进步" 一等奖、中铁工业 "科技进步" 一等奖，发表论文三篇，获发明专利三项。同时，也为企业施工项目管理形成了可复制推广的经验，为企业培养了大量的施工技术技能人才。

坚守初心不变　砥砺前行勇担使命

2022 年 12 月，乌海 TBM 施工项目部成立，项目位于内蒙古自治区乌海市海勃湾区境内。"乌海号" TBM 于 11 月 24 日在郑州基地出厂，此前郑州因疫情原因封控管理，设备发运遇到重重困难，在公司领导的大力协调与支持下，在乌海施工项目组与基地人员的共同配合下，从联系吊车及运输车辆，到设备出发离开郑州仅用了10个小时的时间，顺利在郑州封控管理前将设备运出，充分体现了公司的"即时响应，优质服务"的理念，及时有效地保障了设备顺利到达乌海抽水蓄能电站项目，满足了客户对设备进场的要求和设备组装始发节点的工期要求。

为保障项目顺利进行，项目组临时筹备的三名团队成员在疫情的重重制约下，紧急赶赴现场进行场地临建工作，为后续人员陆续进场后的食宿及办公场地等问题做好充分准备，结合项目实际需求，根据房屋地理位置、房屋面积及整体布局、租赁价格等众多综合因素，确定了最为合适的生活及办公区。把项目建成"家"，是陶仁太及他的团队一直努力追求的。

设备进场组装前期，正值全国各地疫情反弹高峰期，施工现场组装人员、装机工具及材料紧缺，为保障现场组装工期顺利推进、如期始发，项目组协调各省份其他施工项目，紧急抽调各岗位能手、经验丰富的技术人员近15名，赶赴乌海项目施工现场，同时协调公司及地方政府、业主等各单位，为设备进场及装机材料运输车辆顺利进场提供全方位服务。

由于疫情形势严峻，为配合政府对疫情期间进场人员的严格要求，人员进场后，又面临集中隔离、食宿问题等各种困难。项目组人员积极响应地方政府及业主政策，以不使疫情扩散的同时保障组装工期为目标，严格落实进场人员的隔离问题，每日进行健康监测，做到了"疫情防控、一人不落"管控要求，同时组织仅剩不到15人的施工队伍，紧密进行进场车辆接车卸货、始发洞室规整布置、隔离人员送餐上门、生活及办公区基础装修改造等各项工作。

TBM 组装期间，由于工作人员不足，只能组织单班进行工作，很多工作不能同步进行，但始发在即，项目组压力巨大，一刻不敢懈怠，不断优化组装工序，安排装机人员轮流就餐，利用一切可利用时间，争分夺秒，不留一丝间隙。12 月的内蒙古，夜晚极端天气温度低至零下 20℃，这对 TBM 设备及组装人员来说是极大的困难和挑战。项目部充分发扬"开路先锋"精神，冒着严寒，灵活调整装机方案，最大限度地利用白天温度较高的时段高效组装设备，并搭建防护保温棚对 TBM 进行保温，降低夜晚低温对组装人员及设备的影响，全力奋战组装任务。

2022 年 12 月 19 日，在全员奋战、与时间赛跑的状态下，历经半月，终于安全高效地将 TBM 设备组装完毕，顺利达到了始发条件。

但困难总是此起彼伏，时刻伴随左右。始发初期，隧道掘进遇到Ⅳ类泥质条带灰岩，极其破碎，刚始发第三天，便遇到围岩破碎带，在保证人员及设备安全的情况下项目组选择进行支护作业，取得了第一个夜班单班 20 米的成绩。但在掘进第 7 天的时候再次遇到一个长度 5 米、宽度 6~7 米、深 2~3 米的大面积塌腔，设备顶部出现多块重达 6~8 吨的大石块，TBM 设备停滞不前，陶仁太立即组织电站业主、监理、设计三方进行现场查勘，讨论解决方案。在确定使用钢拱架加钢筋网片形式进行支护后，项目组连夜召开紧急会议，确定支护方案，并立即协调公司，通过线上线下双重采购、项目之间临时调转等多项方案，在项目当地遍寻 10 多家高质量的支护材料供应商进行比对及选用，保证支护材料高效加工到达现场，进行第一时间支护作业，并对现场急需的岩石破碎设备劈裂机、手持风钻等机械设备进行紧急协调调拨。由于疫情期间物流时效无法保证，现场安排人员，连夜驱车千里，跨越三省进行设备调拨，紧急攻克现场支护难关。

在这近10天的全力抢险奋战中，项目组成员早晨7点就坚守在工地，晚上12点才从工地下班，在项目作业班组服从指挥、紧密配合的作业下，在公司后方及业主、设计、监理方领导的紧密关注下，对破碎带落实"短开挖、强支护、勤量测"的施工原则，在边立拱架支护边对大块石块进行解体破碎，在保证安全和质量的前提下，工作正在安全高效地进行中，掘进工作也正在逐步恢复正轨，为今后高效生产打下了坚实的基础。

这就是陶仁太和他的施工项目团队，遇到问题，敢于直面问题，勇于挑战，团结一心，积极向上，永远以高昂的斗志迎接前方的挑战，敢于拼搏，披星戴月，为公司的发展，为国家绿色、安全、环保的抽水蓄能电站建设项目付出自己的绵薄之力。作为公司"党员责任区"的负责人，陶仁太深入探索党建与生产经营工作的充分融合，他所在的团队有一股精神气概，坚定"功成不必在我，功成必定有我"的信念，正如中国中铁开路先锋之歌中讲述的那样："闪烁星空是眼睛，浩瀚大海是心胸，巍巍高山是脊梁，铁流滚滚舞巨龙，逢山开路越天堑，遇水架桥绘彩虹，南征北战好儿女，四海为家谱丹青。"

恩爱幸福美满　家风淳厚明事守礼

1986年4月，陶仁太出生在甘肃省兰州市七里河区黄峪乡一个普通的农民家庭，在家中排行老大，父母淳朴，家庭和睦温馨。大学毕业步入工作岗位的第四个年头，陶仁太与心爱的姑娘金镜组建了幸福的家庭。由于特殊的工作性质，陶仁太常年出差一线，照顾家庭的重担落在了妻子一人身上。

　　婚后不久，妻子怀孕了，各种孕期的不适反应也接踵而至。孕吐严重吃不下东西，每天都在煎熬中度过，好不容易熬到了孕中期反应减轻了，陶仁太的母亲又因病住院了，父亲在外打工一时回不去。妻子金镜为了不影响陶仁太的工作，没敢把婆婆生病住院的事情告诉他，而是一个人拖着怀孕的身体，在医院照顾婆婆，忙前忙后，每天步行很远，变着花样地为婆婆买爱吃和容易消化的食物，把婆婆照顾得妥妥帖帖。同病房的人都以为是亲闺女在照顾妈妈，知道是儿媳后都夸婆婆有福气，找了这么好的媳妇。直到母亲快出院时，金镜才把婆婆生病住院的事情告诉了陶仁太。他因不能照顾生病的母亲心里久久不能平静，对家庭的愧疚又多了一分；他因妻子还在孕期正是需要人照顾的时候，反而把生病的母亲照顾得很好，对妻子的感激心疼更多了一分。

　　每次和妻子通电话时，金镜永远都说家中一切安好，报喜不报忧，支持陶仁太全力以赴干事业。妻子的贤惠和对他工作的支持也得到了陶仁太的深情回报。只要他有空在家，总是积极承担起儿子、丈夫和父亲的责任，陪伴家人，家务活几乎全包了。陶仁太的家庭形成了尊老爱幼、亲情深厚、恩爱忠诚、明事守礼的良好家风。他们孝敬父母、团结邻里、热心公益、乐于助人，在周边邻里存在就医困难的情况时，慷慨相助，并多次在"水滴筹"等软件为他人捐款。在周边人遇到困难时，彰显家庭大爱，尤其是在新冠疫情、郑州"7·20"特大暴雨时，主动捐款，为灾区人员贡献了家庭的一份绵薄之力。

　　妻子金镜对陶仁太常吹廉洁"枕边风"。在爱人工作上志得意满时，不忘吹吹"清风"，提醒丈夫时刻保持谦虚谨慎的作风。在爱人

陶仁太一家四口

意志消沉时，找机会和他说说心里话，吹好"暖风"。在逢年过节时，吹好"廉风"，要求陶仁太切忌糊里糊涂，损害公司和集体利益，要把企业的发展与家庭的幸福联系在一起，能自觉抵御各种诱惑。夫妻相濡以沫，互敬互爱，成为人人羡慕的模范夫妻。

勤俭诚实守信　身体力行率先垂范

陶仁太一家生活是俭朴的。作为农村走出来的孩子，他始终把农村人勤俭持家的优良作风坚持下去。他特别喜欢曾国藩的一句名言："仕宦之家，由俭入奢易，由奢返俭难。"陶仁太认为，自己的家庭之所以能够坚持勤俭，一方面是家风所需，另一方面是自律所求。夫妻二人也经常教育子女要做一个清清白白、勤劳节俭的人。陶仁太是中铁工业的优秀共产党员、工匠，中铁装备的劳动模范，在公司的公众号上、公司文化长廊等地方都可以看到他的事迹和照片。妻子也经常指着这些照片，教导两个孩子向爸爸学习，善于思考、诚实守信，做一个有益于社会的人。她把陶仁太的证书、奖杯与孩子们的奖状摆放在一起，让孩子与爸爸比赛看谁的荣誉多。在爸爸的影响下，孩子们经常在学校得到表扬，越来越自信，越来越优秀。

一个优秀的人背后必定有一个优秀团队。陶仁太认为优秀的工作团队十分重要，优秀的家庭更是他工作潜在的动力。作风良好的党员干部大多有着和谐的家庭、良好的家风。陶仁太的家庭恰是如此，其家庭成员爱国守法，有较强的廉洁意识、法律意识和自警意识，模范遵守廉洁家庭行为要求。陶仁太的爱人更是无怨无悔承担家庭的责任，全力以赴支持爱人的工作，成为大家心目中的"最美盾嫂"。

陶仁太走遍了祖国的大江南北，工作场地一直在变，但家人的支持和团队的协助却始终没有改变，这些都是陶仁太不断奋斗的最大动力。一个幸福、快乐、美满的家庭，需要每个家庭成员的共同努力，只有每个人都奉献一点爱，家才会美丽；只有每个家庭都温馨了，我们的社会才能更加温暖。良好的家风是砥砺品格的"磨刀石"，是党员修身守德的前沿防线、传世育人的宝贵财富。好的家风具有潜移默化的作用，是家人受之不尽、社会皆得共享的宝贵财产。愿廉辨之花永绽放，文明家风代代传。

贤伉俪携手谱华章　好家风筑就人生路

——廉辨：中铁工服章龙管、路桂珍家庭

十六载风雨同舟、并肩作战，他们携手共筑廉洁家风；十六载相濡以沫、举案齐眉，他们联袂投身祖国的轨道建设事业。他不忘初心，勇于创新，成就无悔人生；她笃定前行，担当使命，巾帼不让须眉。回首过去，他们辗转全国8次搬家，只为了不懈的追求。他们尊清廉为美，以奉献为德，用实际行动践行着廉洁为企、明理治家的崇高信念。他们的自律使廉洁家风永传，他们的明辨让廉洁之花绽放。

家是最小国，国是千万家。一个个家庭的和谐幸福，汇聚起来就是国家的兴盛强大。来自中铁工业旗下中铁工程服务有限公司的章龙管、路桂珍家庭，既是深入贯彻落实习近平总书记"注重家庭、注重家教、注重家风"重要指示精神的先进典型，又是中铁工业基层一线"家风促廉 廉洁治家"的模范代表，更是诠释新发展理念、构建新发展格局、践行创新驱动发展战略中轨道建设人的榜样力量。

章龙管现任中铁工程服务有限公司党委委员、副总经理、总工程师，教授级高级工程师、一级注册建造师，目前正在攻读西南交通大学的先进制造专业博士；路桂珍现任中铁工程服务有限公司商务管理部部长，高级工程师、注册设备监理师、注册一级造价工程师。两个人因共同的志趣爱好相识，在工作中相互扶持，从城市建设、轨道交通到设备制造一直相守至今，一路风风雨雨走过了 16 个春秋。他们携手并肩克服了南北文化的差异，忍受过两地分居的相思，也曾为子女教育的缺位感到遗憾，但依然坚守在各自岗位，积极投身于企业改革创新的实践。他们相互勉励，相互学习，相互温暖，是中铁工服广大党员中积极践行"不忘初心，为党工作"党建方针的典型代表。爱党爱国爱企，求新求变求实，向上向善向美是章龙管家庭新时代家风家教的真实写照。我们从他们身上看到了拼搏上进的精神和努力奋斗的意义，因为他们善"辨"，他们能辨察自己的初心，能辨察自己的责任，他们坚持在繁杂忙碌的工作和生活中感悟"唯有读书方宁静，最是书香能致远"的充盈，用丰富的知识提升个人的专业能力，用读书学习打造了良好的家风家教，用实践经历引导子女的创新思维，携手将家庭打造成了爱岗敬业、政治坚定的正气之家，勤于学习、爱好读书的书香之家，勇于钻研、善于攻坚的创新之家，包容互助、举案齐眉的和谐之家，崇规守矩、文明健康的清廉之家。

红色传承　赓续党员本色

章龙管和路桂珍都是有着多年党龄、政治立场坚定、思想素养过硬、大局意识强、是非观念明确的新时代优秀共产党员。章龙管的父亲是一名中学老师，在他 40 余年的执教生涯中潜心耕耘，坚守教书育人的初心与使命，对章龙管更是严格要求，良好的家庭教育培养出了章龙管温良恭谦、刻苦钻研、精益求精的优秀品格。青年时代的他以父亲为榜样早早地加入了中国共产党，全身心地为初心和理想奋斗至今。

路桂珍出身于一个农村家庭，学生时代的路桂珍积极追求进步，爱学习、不服输。她在阅读《谁是最可爱的人》时，被中国人民志愿军为保卫祖国抛家舍业、毫不畏惧、视死如归的精神所震撼，立志长大了也要做新时代"最可爱的人"，成为甘于奉献、勇于担当的中华儿女，于是在大三的时候她就加入了中国共产党。从懵懵懂懂的一份红色认知到坚定不渝的铮铮初心，他们将革命先辈的红色信仰和父辈们的道路认同深深融入自己的学习和工作中，用自己的理想信念传承着祖辈的期望和梦想，用责任和担当践行着自己的初心和使命。由于工作原因和建筑行业的特殊性，组建家庭的16年间，他们先后8次搬家，经历了从沈阳、北京、成都、武汉、郑州再到成都的奔波之路，聚少离多的他们将对彼此的思念转化为投身祖国轨道交通建设事业的热情，实现共同的抱负。

时间回到2016年年初，在蒙华铁路白城隧道项目上，经常能看到一个头戴安全帽汗流浃背的忙碌身影，他时不时在本子上写写画画，在设备旁驻足停留，有时在盾构机操作室盯着控制屏幕一待就是大半天，有时关起门来在办公室研究图纸一熬就是一个通宵，这就是那个时候的章龙管。当时作为中铁工服的总工程师以及技术创新的领路人，他深知白城隧道项目是国内在山岭铁路隧道施工中首次采用大断面马蹄形盾构工法的项目，项目风险有多高，技术难度有多大，对处于成长期的中铁工服意义有多重要。从项目施工组织设计编制、重大方案评审到施工一线生产组织，他无数个日日夜夜都沉浸在图纸方案的优化、工序流程的改造、工效工时的提升、风险故障的排除上；从项目进场的举步维艰到盾构破洞而出的多方认可，他整合公司优势技术力量，全面引入信息化管理举措，吃、住在现场，以越是艰难越向前的决心和毅力，克服了黄土土质疏松给隧道掘进带来的各种风险挑战，成功穿越了高速公路、输油输气管线、浅埋层等重大风险源，创造出了最高日掘进 19.6 米、最高月掘进 308 米的优秀施工纪录；他搜集和整理了大量珍贵的实验数据，填补了国内异形大断面盾构掘进数据方面的空白，为国内超大断面异形掘进机施工研究与应用奠定了坚实的基础。大断面马蹄形土压平衡盾构法首次成功应用于黄土隧道，该项目荣获国际隧道界的最高奖——国际隧道协会（ITA）"2018 年技术创新项目奖"。风雨彩虹，铁肩担当，作为公司的总工程师，章龙管深知，只有靠勇往直前的毅力，才能为公司开辟一条新路，才能实现高新装备管理的新突破。

与此同时，千里之外的成都，深夜的中铁工服本部大楼里，成本管理部也常常灯火通明。路桂珍时而埋头伏案奋笔疾书，时而紧盯屏幕陷入沉思，有时会偶尔停下看看窗外的路灯，心里估摸着家里的孩子在老人的照料下应该已经睡着了，可以安心地多干一会儿，她已记不清办公室的灯火陪她度过了多少个深夜。遇到加班或出差，更是兼顾不了孩子的生活起居及学习。有一次，她忙完了手里的工作才想起承诺过孩子一定会去接她，当看到孩子正焦急地等待时，在女儿的一声"妈妈，我以为你把我忘了"的埋怨中，顿时母女二人都泪水充满了眼眶。面对公司"产品多、项目小、周期短、业态新"的特殊境况，她一个项目一个项目地梳理，一个合同一个合同地排查。为了让自己的工作效率更快、成本核算更准，路桂珍不仅一个业务一个业务地学习，而且创新成本管理模式，建立了成本核算工作的标准流程，并将其融入项目管理的全周期，以锱铢必较、碰真动硬的精神将成本管理变成了公司的节流之源。有人说她太较真，为了项目偶尔的不合规行为能和别人争执得面红耳赤；有人说她太急躁，坐在办公室里都能听到她急促的走路声和键盘的敲打声；有人说她女汉子，整天和工地老爷们儿、理工男混在一起斗智斗勇。只有她知道，公司这么大一个盘子，她如果放松一寸，成本就要流失一尺，作为一名共产党员，她深知肩负的责任，只有持续的"优揽、精管、细算、足收"，公司才能有更好的发展。

在他们的熏陶影响下，儿子章路恒和女儿章芷绮从小也都在健康的氛围中成长，在学校里充分彰显了家风、家教。儿子章路恒多次获得三好学生称号，女儿章芷绮除获得多次学校嘉奖外，还获得了成都市关工委颁发的"三星章"和中铁工服求索学堂的学习标兵、廉洁小天使。在2019年春节前的中铁工服求索学堂里，6岁的章芷绮正一笔一画地给她的爸爸妈妈绘制"廉洁贺卡"，这是中铁工服纪委举办的廉洁小课堂的一项作业。当孩子稚嫩笔迹绘就的手工贺卡送到路桂珍手中时，她激动不已。这一刻，她深深地感受到了企业文化对家庭的润泽关爱以及家风家教对子女潜移默化的教育。

书香润泽　尽显榜样力量

2013年3月19日，习近平总书记在接受金砖国家媒体联合采访时说："我爱好挺多，最大的爱好是读书，读书已成为我的一种生活方式。"习近平总书记一直是章龙管、路桂珍学习的榜样，特别是读书学习方面，他们坚信在书中能领略大千世界的奥秘，能开拓视野，也是父母给孩子最好的示范教育。章龙管、路桂珍家庭非常重视学习，他们在装修时达成了一致意见：宁肯衣柜小一点，沙发短一点，也要

章龙管工作照

挤出空间把整整一面墙做成一个大书柜。满架的书籍是 16 年 8 次搬家中始终不舍丢弃的财富。随手拿起一本书他们都能如数家珍地讲出是什么时候买的，描述了哪些内容，领悟到什么道理，认同哪些思想，满屋的书香成为沁人的芬芳，章龙管和路桂珍也成了孩子最好的学习榜样。

章龙管是中铁工服盾构施工技术方面的"活字典"，他多年来积累的数据资源存满了三个大容量移动硬盘，热爱学习的他对于大家的技术咨询总能信手拈来指出方向；工作之余积极学习管理学、哲学、数字化方面的知识。毕业于西南交通大学土木工程专业的他考取了清华大学项目管理的研究生，目前正在攻读西南交通大学博士，是北京盾构工程协会盾构工程专家、中国矿业大学研究生导师、现代隧道技术首届青年编委、中国土木工程学会隧道及地下工程分会隧道掘进机（盾构、TBM）科技论坛学术委员会委员，参与编制了《中国地铁》《TBM隧道施工》《盾构法施工新技术新工艺》等多项著作。多年的研发积累，让他在业内成为技术大咖，2020年盾构TBM施工风险控制与掘进技术研讨会"线上直播"，中国城建土木工程科学技术研究会特邀章龙管参加，他所作的"土压平衡盾构渣土环保处理研制与应用"专题讲座，引起了业内的广泛热议和认同。"2021盾构TBM与掘进关键技术暨再制造技术国际峰会"在郑州召开，章龙管受邀带领技术团队参加峰会并作了"新技术助力盾构隧道智能建造"的专题讲座，现场反响强烈。

　　章龙管在学术研究中与中国工程院王复明院士建立了密切的联系，多次带领公司技术团队到郑州"坝道工程医院"总部与王院士及其团队开展技术交流。经过多次沟通汇报，中铁工服技术团队的成果得到王院士的充分肯定，欣然同意中铁工服在成都设立"坝道工程医院盾构分院"，2020年6月7日工程医院召开了年度工作会议并听取中铁工服"盾构分院"建设方案的汇报，经评审顺利通过。2020年9月19日"坝道工程医院盾构分院"在中铁工服正式成立，中国工程院王复明院士亲临现场揭牌并受聘为中铁工服智库名誉主席。

　　成立后的坝道工程医院盾构分院由章龙管兼任院长，他率领团队创办了盾构分院院刊《盾构技术》期刊，自2020年创刊以来已连续发刊12期，收录发表国内外专业文章123篇。期刊的创建进一步增强了行业内部技术交流，活跃了自主创新氛围。在坝道工程医院总部的支持下，章龙管组织团队陆续启动开展了一批"疑难急险"关键项目的技术攻关，包括：深圳地铁十四号线盾构渣土环保处理项目，盾构机扩径改造项目，川藏铁路特殊隧道施工科研项目，刀盘参数化设计项目，地铁隧道病害治理项目等。章龙管还通过各种途径积极向外界展示中铁工服在地下工程领域科技创新能力、施工生产服务能力。他牵头完成了《工程医院网站——分院风采专栏信息采集》，将盾构分院风采推介至总部网站展示，并组织将盾构机模拟操作器委托坝道工程医院在总部试验场进行展示，获得了王复明院士团队及坝道工程医院体系内64家分院的高度评价，在行业内较好地展示了公司新产品和综合服务能力，有力地促进了公司产品的推介和宣传。

作为公司党委委员，章龙管始终坚持增强"四个意识"，坚定"四个自信"，做到"两个维护"，利用多种形式积极开展党的理论学习和宣传落实，每年都能撰写形式新颖、内容丰富、通俗易懂、针对性强的党课课件，在党建联系点讲授时总能获得一大批青年员工的围观听讲和点赞。章龙管身为领导干部，时刻牢记初心使命，带头坚决反对"四风"，认真贯彻执行中央八项规定精神和领导人员履职待遇要求，严格遵守廉洁从业规定，每次出差都是轻车从简，总是选择便捷便宜的酒店，工作多年来从未发生过不廉洁行为。

路桂珍同样勤于学习、善于钻研，在中铁工服她是人尽皆知的学习达人、业务能手。路桂珍工作后一直从事成本管理方面的工作，平时读的书较多、专业能力强，为了进一步提升自己的管理水平和专业化能力，她先后考取了注册设备监理师、注册一级造价工程师等职业资格证书。面对工作上遇到的困惑，她能够及时从理论中找到问题的根源所在，从而获得解决思路和方向，大大提升对成本管理、对外经营及项目履约谈判的话语权和主动权，增强自己的"廉辨"能力。同时在公司内部合同成本管控中遇到问题她也能得心应手地找到解决办法，很大程度上提高了工作效率和质量。在路桂珍看来，读书学习是一种精神享受及思维能力的升华，这种感受来源于对知识的无限渴望和对精神世界的无限追求，进一步坚定自己的理想信念。她涉猎面广，阅读领域从工程技术、管理学、信息学、小说、散文到传记、党史等，长达75页的书单里蕴藏着一份极度渴望提升自我、改变自我的激情。路桂珍还有写读书心得、做读书笔记的习惯，她是公司"书香三八"读书会的会长，经常组织读书会分享心得，多次在公司的大型会议上分享自己的学习体会。2021年在机关支部的党史学习分享会上，路桂珍如数家珍地把党的历届代表大会的主要精神和成果用简练的语言为大家讲得透彻明白，让在场的很多政工干部都深感佩服。"独乐乐不如众乐乐""交流和分享让读书变得更加有意义"，路桂珍用实际行动在部门同事中、在公司里营造出了积极良好的学习氛围，带领部门人员通过积极主动的对标学习，先后攻克了多项成本管控难题。她还为中铁工服悉心培养了多名成本管理方面的徒弟，这些人也都已经成长为公司的业务骨干。赠人玫瑰，手有余香，她为推进公司成本节约、效能提升和加强管理能力方面作出积极的贡献，受到了广大职工的交口称赞。

在繁杂忙碌的工作之余，章龙管和路桂珍总会挤出时间坐下来和两个孩子一起进行读书心得的分享，客观地陈述自己的立场观点和思维方法，让孩子在读书中感悟书香的润泽和人生的道理。这个良好的习惯从孩子幼儿时期的亲子共读就养成了，现在每月读一本书成了他们家的家规之一，读书已成为一种习惯深深地根植到这个家庭的家风建设中。两个孩子从小养成热爱读书的好习惯，学习成绩始终在学校名列前茅。在夫妻二人的影响下，章路恒、章芷绮两个孩子不但对读书产生了浓厚的兴趣，更是对机械制造和轨道交通方面的知识充满了渴望，孩子们最喜欢的玩具是一套拼装式盾构机模型和吊车模型，平时经常一起捣鼓着玩，很快都能快速地进行拆解组装，每次乘坐地铁时能准确地分辨出岛式车站、侧式车站，自豪地告诉小朋友们自己的爸爸妈妈修建了很长很长的地铁。儿子章路恒的理想是长大了也像爸爸一样当一个土木工程师，把我们的祖国建设得更加美丽。他利用硬纸壳粘连组装的未来地铁模型、马蹄盾模型参加学校组织的小发明科学比赛多次获奖。女儿章芷绮的算术功底扎实，经常拿个键盘有模有样地敲击打字玩，理想是当一个像妈妈一样的女能手。

两个孩子也羡慕过其他同学放学后有家长接送，回到家就有热腾腾的饭菜，而自己的爸爸妈妈每天都是那么忙，所以免不了会跟父母抱怨几句："爸爸妈妈为什么不能每天下班就回家陪我们，我的爸爸怎么不像别人家一样也每天放学来接我？"这时路桂珍都会严肃认真地教育孩子："爸爸和妈妈有很多工作要处理，我们每个人都要忠于自己的使命与责任。我们都是共产党员，共产党员就应该比别人工作更努力。再说了我们比起以前经常搬家不是幸福很多了吗？我们每个人都应该在自己的岗位上努力着，我们全家人都要心往一处想，做好自己的事情，别让爸妈担心。"就这样一天天过去了，孩子们也都长大了，逐渐理解了父母不能经常陪伴的原因了。常受清水洁流浇灌，心灵之花才不会枯萎；常有清风正气熏陶，生命之树才会长青。有什么样的家教，就有什么样的孩子。现如今他们全家成员在共同学习中思考，在共同思考中成长，在相互共勉中凝聚家庭共同成长进步的新动能。

比翼双飞　事业共同进步

在家是比翼鸟尽显柔情，在外是铁肩强人各谱华章。作为公司的技术带头人，章龙管勤于钻研技术难题，勇于进行卡脖子技术攻关，通过知识的跨界融合不断进行跨界创新，带头推动公司新旧动能转化、为提升公司信息化管理水平作出突出贡献。他牵头打造地下工程工业互联网，涵盖了多项地下工程数字信息化品牌，为公司发展注入了创新活力，其中盾构云平台获评国家工信部"工业信息安全中心数字化转型优秀实践案例"；强化校院企地创新共同体建设，先后推动公司与西南交通大学、电子科技大学、四川大学、中科院等高校、院所、学会等开展了深度战略合作，在盾构/TBM装备摩擦学设计实验室、建筑工业化和信息化研究中心、教学实习基地、博士工作站、铁路建设工程物联网与云平台联合研究院建设工作中身先士卒，勇挑重担；基于公司现有的"盾构/TBM装备摩擦学设计实验室"等科研机构，持续开展基础研究，盾构破岩机理研究等基础研究项目等取得突破性进展。在章龙管的积极奔走和统筹推动下，2018年公司组织申报并取得国家高新技术企业认证，2019年公司取得四川省企业技术中心认证，2020年公司取得成都市院士（专家）工作站认证和成都市工业设计中心认证，2022年9月公司进入四川省工业设计中心拟认定名单。章龙管本人也先后荣获四川企业技术创新突出贡献人物、中国西部企业数字化转型领军人物、河南省科学技术进步奖三等奖、中国铁路工程集团有限公司科学技术奖一等奖、中国铁路工程总公司科学技术特等奖等奖项；参编专著9部，其中主编1部、副主编4部、编委4部；发表论文18篇，其中作为第一作者10篇；个人获得国家专利43项，其中发明专利 9 项；获得国家级工法 2 项、省级工法 2 项。

路桂珍长期扎根公司项目成本管理工作一线，通过理论和实践的结合，在本职工作中也摸索出一套适应公司发展的管理经验，建立了公司成本管理的标准流程，对解决项目管理过程中出现的问题更具有指导意义，同时创新投标管理的成本全过程参与机制、制定公司以及项目的清收管理制度、细化成本管理会召开模式等，创新成本管理的垂直到底、全面覆盖模式，推动成本盈亏案例在全公司推广。建立公司商务管理手册，有效地推动了公司经济效益稳步提升。2017 年春节前夕，她不畏严寒，同很多男同事一起奔走在蒙华铁路白城项目，深入施工一线收集证据，协助团队开展变更索赔，为公司挽回了重大损失；2018 年在青岛 6 号线工地，她连熬三个通宵研究合同、查阅资料、据理力争，又为公司挽回了 460 万元的损失。多年来她带领的团队先后为公司创收近 2000 万元，在推动公司经济质量发展上作出了重要贡献。她还兼任机关支部组织委员和第三党小组组长，无论工作多忙都坚持做好做实党务工作，多年来的勤奋工作也让她获得了优秀共产党员、优秀党务工作者等多项荣誉和嘉奖。

琴瑟和鸣　共谱家国情怀

章龙管、路桂珍家庭重视家风建设，他们尊老敬老、互敬互爱、勤俭持家，用爱构筑起了一个和睦之家。包容是爱的担当，章龙管作为技术总工长期出差在外，家庭的重担和责任全压在路桂珍一个人身上。正如她在《读林清玄〈一心一境〉有感》中写到的一样："一边是工作上一些事情还没做完，一边是要提醒自己时刻记得儿子的数学试卷未打印,语文做完未打卡、未改错。姑娘的语文未背诵,生字未听写,新课未预习,数学作业未打卡。"一直想安安静静专注地做一件事,但是对于她来说太难了。在偶尔的抱怨过后,更多的是理解和包容。她深知企业的不易、丈夫的不易,所以便自觉肩负起家庭的责任,在强大的工作压力下,努力在工作和家庭中寻找平衡点。特别是在老人小孩生病、工作加班与孩子需要的时候,只有她自己知道作为一名工程界的女汉子有多么不易,作为一名工作达人的妻子有多么不易,作为一名负有责任心的部门管理者有多么不易。面对这些困难和挑战,她都一一化解,稍作调整后又是一个风风火火的"铁娘子"。

2019年年底,积劳成疾的路桂珍第一次因病住院了,住院时章龙管还在外地出差,是单位同事帮助她办理住院手续的。当她在病床上从沉睡中醒来时,发现旁边陪护的同事已经不知什么时候换成了怀抱电脑打盹的章龙管,这一刻她深深地感受到了章龙管的关爱和家庭的温暖,积压在心头的委屈也随之消失得无影无踪。孝顺是爱的桥梁,由于章龙管和路桂珍分别来自南方和北方,在饮食习惯、生活习惯等方面有一定的差异,多年来章龙管的母亲跟随着他们生活在一起,婆媳关系良好融洽。作为媳妇,路桂珍能够理解老人的习惯和想法,也深感父母协助带孩子的不易,你的饮食习惯成了我的口味爱好,你的生活习惯成了我认同和包容的一切,孝顺成了邻里之间赞扬和传颂的典型,爱的桥梁连通了家庭的每一个成员。由于工作的繁忙,每年寒暑假,路桂珍都会把两个小孩带到公司举办的求索学堂。在求索学堂,章路恒、章芷绮都会专心听老师讲课,认真完成毛笔字、画画、手工等课堂练习。他们乐观外向、性格开朗,洋溢着童年的快乐与自信的光芒。在良好家风家教的熏陶下,看书、运动已成为他们的习惯,因

章龙管一家四口

为他们知道父母都这么优秀，自己怎敢不努力，在缺少父母的陪伴下，他们依然是那个内心充满阳光的少年。

  工作、家庭的压力和琐碎并不能掩盖章龙管和路桂珍心中的大爱和责任。2020年，新冠疫情暴发后，章龙管和路桂珍都积极申请加入了公司组织的"红盾同心圆"党员突击队，担负起为居家隔离的人员送防疫物资，上班期间轮班在公司门口测量体温、做登记，录制"我是党员我承诺"防疫宣传视频等等。2022年9月成都地区突发疫情，看着社区疫情防控人员忙碌的身影，听到招募志愿者的消息后，路桂珍毫不犹豫地再次报名参加，冲到了疫情防控第一线，从事核酸检测秩序维护工作。十余个日日夜夜，她白天忙于疫情防控，晚上还要操持家务，从没有叫苦叫累，给两个孩子树立了榜样。受到父母乐观豁达的影响，章路恒、章芷绮让人印象最深的就是爱笑，章龙管和路桂珍身上的责任、担当、励志在两个孩子身上得到了传承，阳光可以作为这个家庭的名片。章龙管和路桂珍树立了家风家教的典型，也打造了携手奋进、互相扶持的家庭样板，用爱激励着公司员工爱国、爱岗、爱家，用自己的努力拼搏和责任担当为公司发展贡献力量。

相濡以沫　传承良好家风

一个人能赢得一时的口碑很容易，但人到中年了，依旧坚持严于律己、宽以待人，很难；一个家庭能维护一时的和睦很容易，但相处数十年，依然举案齐眉、夫唱妇随，很难。16年的相濡以沫，16年携手共进，让章龙管、路桂珍更加珍视自己的工作和家庭，也深知廉洁无论是对工作还是家庭都至关重要。为政之要，曰公与清；成家之道，曰俭与勤。良好家风既是砥砺品行的"磨刀石"，也是抵御贪腐的"防火墙"。他们秉承祖辈传下来"吃人嘴短、拿人手软"的家训，本本分分做人、清清白白做事。工作这么多年，家庭也有一定的积蓄，但是一直开的还是一辆跑了十多年的速腾。孩子有时候不懂事和同学们攀比谁家车好，这时候章龙管趁机就给两个孩子讲"成由勤俭败由奢"的道理，说道："车辆虽简，但能遮风挡雨，让我们出行方便即可，车只是一个代步工具，不是我们炫耀的资本。我们要多和身边的人比学习，比知识，做一个知识丰富、内心强大的人才是让大家羡慕的。"孩子们慢慢地长大了，那辆见证着他们风雨同舟的速腾车他们打算继续开下去。他们是中铁工业"六廉"文化的践行者，作为公司总工程师以及商务管理部部长，他们工作岗位和性质较为敏感和特殊，在日常工作中，他们处处以优秀党员、先进模范的标准和党性原则来严格约束自己的言行，严守党的政治纪律、组织纪律、廉洁纪律、群众纪律、工作纪律、生活纪律，正确处理好和分包单位、供应商的关系。身处关键岗位，路桂珍从不接受和参加合作方的宴请，每有合作方来洽谈业务，她总是打开大门说亮话，始终坚持秉公办事。有一年春节前，一个合作方谈完业务，硬是丢下一个信封转身离去，路桂珍中午饭都没顾上吃，打了10多个电话终于劝说动合作方拿回了自己的"小心意"，后来该办的事她也是秉公给办理了。渐渐地在公司业内，路桂珍"铁娘子"的品牌一步步打响了，雷厉风行，风风火火，铁面无私，秉公办事，就是她的处事风格了。

严格管理好身边人和亲属，确保不该吃的饭坚决不吃、不该拿的东西坚决不拿，始终恪守廉洁自律。他们是"六廉"文化的践行人，作为领导干部，他们自觉当好廉洁文化的倡导者。作为领导家属，路桂珍多次在公司家企廉洁共建活动中，以宣讲员身份讲述"六廉"文化在家庭建设中的实践以及自己在崇廉尚廉过程中的思考，还积极和员工亲属通过交心会，共议廉洁、共谈廉洁、共建廉洁，引领和带动了一大批家属进一步掌握员工岗位廉洁风险，筑牢企业廉政建设的家庭防线。章芷绮在给父母的廉洁贺卡中，稚嫩而真诚地写道："不能要别人的东西"，在贺卡画着的红心里写着爸爸妈妈的名字。她的多幅廉洁文化作品在公司多次展览，对推动企业"六廉"文化在家风家教建设中走深走实贡献了力量。章龙管和路桂珍是"六廉"文化的监督者。在日常工作中，章龙管分管技术中心、科技与信息化部等部门，路桂珍负责商务管理部，在部门工作的内控管理、外部协同等廉洁风险点上严而又严、细而又细，在验工计价的签认中，少问一个为什么就可能会导致企业损失；在科研开发中，多问几个为什么就会节省成本。章龙管作为公司领导、党委委员，在党委会每每有涉及路桂珍的表彰、晋升议题时，总是第一时间申请回避；路桂珍作为领导家属，从不参与干涉章龙管的工作，工作场合两个人总是泾渭分明。2022年的春节因为疫情他们一家人在成都过年，在路桂珍的提议下，全家人一同前往天府家风馆开展了一次家庭廉洁教育。"千年弦歌永不辍，悟道家风值万金"，他们一家人通过一块块展板、一幅幅图片、一件件实物、一个个场景，深度领悟了毛泽东、周恩来等老一辈革命家的红色家风，在三线建设、抗震救灾等过程中涌现的典型模范人物的家风家教故事，党的十八大以来习近平总书记关于家风家教的重要论述，在观展中潜移默化地接受教育、汲取养分、陶冶情操。作为领导干部，他们肩负起"一岗双责"的责任，扎实履行季度廉洁谈话、部门岗位风险排查、员工思想动态管控、部门廉洁教育等职责，切实管理好身边人、履好应尽责，筑牢分管人员的防腐拒变的防线。

如果说家风是一个家庭的精神内核，是一个企业的价值缩影，那么"携手谱华章，路遥知马力"就是章龙管、路桂珍家庭的最贴切的形容和真实写照。作为中铁工业数万个家庭的代表之一，章龙管、路桂珍家庭始终践行"三个转变"的重要指示精神，弘扬"守正创新、六廉兴企"的廉洁文化，不断探索"六廉"文化和家风家教的深度融合，将廉"辨"落实到党性修养的提升中，落实到岗位工作的创新中，落实到家风家教的建设中，引领和带动更多公司员工家庭着力构建新时代家庭建设的核心价值体系，为企业营造清正廉洁、向上向善、和谐美好、创新创效的发展氛围，为推动企业行稳致远、健康发展，贡献新时代家庭力量。